Jens Soentgen

Staub

Jens Soentgen

STAUB

Alles über fast nichts

Mit Illustrationen von Katja Spitzer

dtv

MIX
Papier | Fördert gute Waldnutzung
FSC® C083411
FSC
www.fsc.org

Originalausgabe 2022

Umschlaggestaltung: Anne Bernard
Umschlagmotiv: istockphoto.com/Be-Art
Autorenfoto: Martin Hangen
Illustrationen: Katja Spitzer
Satz: Fotosatz Amann, Memmingen
Druck und Bindung: CPI books GmbH, Leck
Printed in Germany · ISBN 978-3-423-26344-3

Dem Wind

Inhalt

EINLEITUNG

Mit Verlaub – Staub

Als ich aus dem Norden nach Augsburg zog, musste ich mich an die bayerischen Bräuche erst gewöhnen. Beim Richtfest für das Gebäude des Wissenschaftszentrums Umwelt, meinen Arbeitsplatz an der Universität Augsburg, kam sogar der bayerische Ministerpräsident – damals war es Edmund Stoiber – vorbei. Er hielt eine kraftvolle, besser: kraftstrotzende Rede, in der es um Bayern, Bayern und nochmals Bayern ging. Schon das bayerische Abitur sei das beste, verkündete er, man wolle überall Elite sein! Später lief er an mir vorbei, tippte mit der flachen Hand gegen meinen Bauch und sagte: »Sie müssen mehr essen, Sie sind zu dünn!« Bier wurde in erstaunlichen Mengen getrunken, man erfreute sich an deftiger Volksmusik und Märschen, eine Polizeikapelle in zu der Zeit noch grüner Uniform spielte auf. Es war ein zünftiger Nachmittag.

Doch die Bemerkung mit dem Abitur wurmte mich, kam ich doch aus Nordrhein-Westfalen. Ich zog mich in die Bibliothek zurück und schlug ein Lexikon auf, in dem die Bedeutung der deutschen Familiennamen aufgelistet war. Und tatsächlich fand ich einen Eintrag zu »Stoiber«. Ich las: »unruhiger Geist, der Staub aufwirbelt«.

Insgesamt kann man feststellen, dass die Familiennamen verschiedener bayerischer Ministerpräsidenten ziemlich viel mit

Staubaufwirbeln zu tun haben; so deutet der Nachname von Franz Josef Strauß auf eine Person hin, die ständig in heftige Auseinandersetzungen – für die früher die Bezeichnung »Strauß« üblich war – verwickelt ist. Und auch der amtierende bayerische Ministerpräsident reiht sich namenstechnisch in die Riege seiner Vorgänger ein. Ein »Söder« ist nämlich jemand, lehrt das Lexikon, der in der Küche steht und buchstäblich »die Pfanne heiß hat«, weil er dabei ist, etwas zu sieden. Söders Vor-Vor-Vorgänger Stoiber sagte dazu: »Wer in der Küche steht, muss Hitze vertragen.« Und nicht nur Hitze, dichter Dunst gehört zu diesem Geschäft, denn beim Grillen, beim Braten und beim Sieden bilden sich viele winzige Partikel.

In der bayerischen Politik wird gelärmt, gestritten und intrigiert. Christine Haderthauer, die erste weibliche CSU-Generalsekretärin und spätere Sozialministerin, hat das oft beklagt. Ihre Karriere begann steil und endete abrupt, als sie über die sogenannte »Modellauto-Affäre« stolperte. Haderthauer muss viele Feinde gehabt haben, und sie teilte in der Tat gern aus; womit wir zum Thema zurückkehren, denn »Hader« bedeutet auch wieder Streit. Es ist zugleich ein alter Name für zerschlissene und zerrissene Stoffreste und hängt auch hier mit unserem Thema zusammen, denn beim Zerreißen der Hadern, der Stoffreste in der Stoffmühle, entsteht ein dicker Faserstaub, der nicht anders aussieht als die wohlbekannte Wollmaus, die bekanntlich aus miteinander verhaderten bzw. verhedderten Fasern besteht.

Und auch sonst zeigen viele Familiennamen in Deutschland, dass Menschen und

Staub mehr miteinander zu tun haben, als man denkt. Da muss man nicht einmal an den eher seltenen Familiennamen Steubesand oder, norddeutsch, Stövesand denken, mit dem einst wohl eilige Reiter bezeichnet wurden. Auch in ganz gebräuchlichen Familiennamen steckt der Staub. So ist der Müller jemand, der aus Korn ein staubfeines Pulver herstellt und an dessen Arbeitsplatz natürlich alles über und über mit Staub bedeckt ist; der Schmied ist jemand, der durch sein Hämmern, durchs Feuern seiner Esse, durch alles, was er tut, Unmengen von Partikeln erzeugt. Für die Namen »Koch« oder »Rauch« gilt dasselbe, ganz zu schweigen von den »Aschenbrennern« und »Köhlern«.

Staub scheint uns meist lästig, wenn nicht sogar gefährlich zu sein, und aus gutem Grund, denn er kann tief in uns eindringen, überwindet alle Grenzen und oft sogar eigens gegen ihn unternommene Schutzmaßnahmen, er kann in unserem Körper großes Unheil anrichten, stößt Entzündungsprozesse an, kann Krankheiten auslösen oder verschlimmern und ist allgemein problematisch. Deshalb ist auch die Staubforschung seit ihren Anfängen zum größten Teil mit den gesundheitlichen Auswirkungen des Staubes beschäftigt, sie fragt, wie man ihn vermindern oder ganz beseitigen kann. Von dieser durchaus berechtigten und wichtigen Perspektive ist auch unser Alltagshandeln weitgehend bestimmt. Wenn wir ein Gerät zum Umgang mit dem Staub kaufen, dann hat es in der Regel die Aufgabe, ihn wegzuschaffen, wie etwa der Staubsauger, aber auch der Staubwedel, der Staublappen, das Staubtuch sowie viele Bürsten und Pinsel aller Art. Dass Staub aber nicht nur eine ständige Belästigung oder Bedrohung unserer Welt ist, sondern dass unsere Welt auch wesentlich auf Staub gebaut ist, scheint zunächst paradox.

Und doch ist es eine Tatsache, dass Staub gerade für die geistigsten Bereiche unserer Kultur unentbehrlich war und ist. Ohne Staub keine Schrift. Noch heute wird mit weißem Staub, mit Gips oder Kreide, auf Tafeln geschrieben, noch heute bestehen die Grafiken und die Buchstaben in Büchern und ausgedruckten Dokumenten fast immer aus Ruß, dem bestimmte Bindemittel helfen, besser auf dem Papier zu haften. Auch dieses Buch macht keine Ausnahme – es erzählt mit Staub über Staub, wurde also unter Mitwirkung des Staubes verfasst und gedruckt.

Staub ist ein Kulturfolger. Wo Menschen sind, tummelt sich der Staub. Doch ursprünglich kommt der Staub, wie alle Kulturfolger, aus der Natur, denn auch in der Natur staubt es, und ohne diesen natürlichen Staub sähe unsere gewohnte Welt völlig anders aus. Der Himmel über uns wäre weit weniger abwechslungsreich, ja, im Grunde gäbe es ihn überhaupt nicht. Ohne Staub gäbe es zudem weder die Blütenpracht des Frühjahrs noch den Erntesegen des Herbstes, das Abendrot würde ebenso fehlen wie das freundliche Tageslicht, das uns auch im Schatten erreicht, weil es von unendlich vielen Partikeln in der Atmosphäre auch in verborgene Winkel weitergeleitet wird. Staub ist ausgleichende Gerechtigkeit.

Staub hat außerdem eine philosophische, eine metaphysische Bedeutung. Er lässt uns staunen, und mit dem Staunen fängt alle Philosophie an. Denn Staub ist ein Etwas, das gerade auf der Grenze zwischen dem Sein und dem Nichts steht. Er ist ein Fast-Nichts, ein Beinahe-Nichts, und wenn wir uns diesem Fast-Nichts etwas eingehender widmen, zeigt sich, dass es uns einlädt, all unsere Vorstellungen von der Welt neu zu denken.

Staubpartikel verhalten sich nämlich ganz anders als die gewohnten Dinge, die uns umgeben, anders als Tische, T-Shirts, Teller, Tassen und Telefone. Alles Gerät und Zeug, das wir täglich nutzen, ist dadurch gekennzeichnet, dass es da bleibt, wo man es abstellt oder ablegt, dass es bereit ist, wenn man es braucht, und sich nicht von selbst ungewollt im Raum bewegt oder gar auf Nimmerwiedersehen verschwindet. Der Staub aber entzieht sich unseren Ordnungsvorstellungen und scheint sie sogar zu verhöhnen, er segelt umher, wo es ihm gefällt, ist nicht hörbar und auch nicht greifbar, er lässt sich nicht anfassen und ist gleichwohl geneigt, uns zu berühren und zu kontaminieren, sich auf uns niederzulassen oder gar in uns einzudringen.

Es steckt also einiges im Staub, das Winzigste erzählt nämlich die beste Geschichte vom Ganzen.

Immer schon hat der Staub die Aufmerksamkeit all derer auf sich gezogen, die sich mit den üblichen Weltbildern, in deren Mittelpunkt die trägen und schwer beweglichen Dinge stehen, nicht zufriedengaben. Die Erkenntnis der Bedeutung und der Eigenart des Winzigen ermöglichte erst unser modernes Naturbild, das sich unter anderem darin vom antiken unterscheidet, dass es sich mit gleicher Aufmerksamkeit den winzigen Dingen zuwendet wie den riesengroßen.

Betrachtet man die großen Trends, wie die Globalisierung, die zu einem stetigen Transport kleinster Partikel, zum Beispiel auch von Krankheitskeimen, führt, die Erderwärmung, die weltweit zunehmenden Feuer durch Waldbrände und anhaltende Verfeuerung fossiler Brennstoffe, das Wachstum der Städte und der Wüsten, dann ist damit zu rechnen, dass uns der Staub künftig noch viel stärker als derzeit beschäftigen wird, auch und gerade in Mitteleuropa. Denn mit einem Fortschreiten der globalen Erwärmung und der auf sie folgenden Dürren könnte es auch in Europa zu so katastrophalen Staubereignissen kommen wie in den USA in den 1950er-Jahren, als Staubstürme den trockenen, haltlosen Ackerboden weit weg transportierten. Es lohnt sich also, den Staub etwas genauer unter die Lupe zu nehmen, statt ihn nur mit Staubtuch und Staubwedel zu verfolgen.

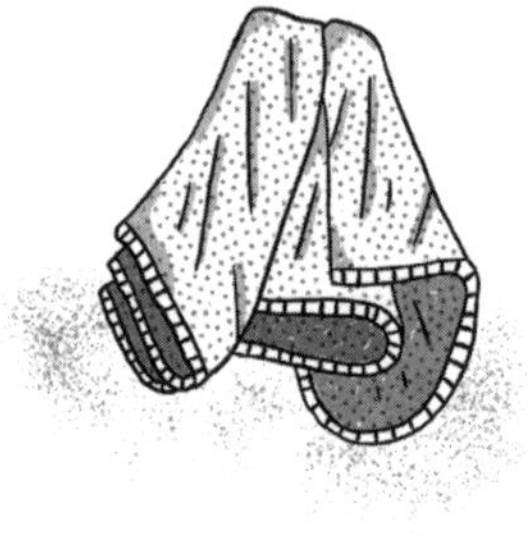

1

Das Nichts und das Fast-Nichts: Was ist Staub?

WIE IST ES, EIN STAUBPARTIKEL ZU SEIN?

Um es gleich zu sagen: Das Leben als Staubpartikel ist schwierig, aber man gewöhnt sich daran. Zwar könnte man meinen, es sei ein wunderbarer, engelsgleicher Zustand, überall umherzuschweben, durch Fensterritzen und unter Türen einfach hindurchzusegeln und in wenigen Minuten Hunderte Meter in die Höhe zu fliegen. Denkt man aber länger darüber nach, kommt man darauf, dass auch die Staubkornexistenz ihre Tücken hat.

Die Kraft, die unseren gewöhnlichen Alltag am stärksten ordnet, ist die Schwerkraft. Sie stört uns meist, macht uns Mühe, macht buchstäblich alles schwer, sie ist schuld daran, dass wir uns morgens aufraffen, uns aus dem Bett wuchten, uns zur Arbeit und durch den Tag schleppen müssen, bis wir abends ermattet ins Bett sinken oder fallen. Einkäufe und Umzüge sind mühsam – wegen der Schwerkraft. Die klassische Maloche ist hart – wegen der Schwerkraft.

Sogar wenn wir über eine absolut horizontale Ebene laufen, kämpfen wir beim Gehen mit dieser Macht, die an uns zieht, weil der Körper mit jedem Schritt ein Stück aufwärtsbewegt werden muss. Andauernd droht die Schwerkraft uns zu besiegen, greift, wo sie nur kann, unsere Balance, unseren aufrechten Stand an und ist erst zufrieden, wenn wir am Boden liegen.

Uns der Schwerkraft entgegenzustellen, ist unsere tägliche Aufgabe, und das bereits vom zarten Alter von etwa einem Jahr an, wenn die Kinder sich erstmals hinstellen und äußerst stolz sind, wenn das gelingt, bis ans Ende unseres Lebens, das dadurch gekennzeichnet ist, dass wir uns zunehmend schwer(!)-tun mit dem Stehen und Gehen und die Schwerkraft endlich gesiegt hat. Auch wenn wir im übertragenen, moralischen Sinn sagen, dass einer »fällt«, »stürzt« oder auch nur »stolpert«, meinen wir damit immer etwas Negatives, ein Versagen. Und wo sich einer »schwertut«: da geraten die Abläufe ins Stocken.

Durch den andauernden Krieg mit dem übermächtigen Gegner »Schwerkraft« übersehen wir, dass sie in unserem Leben nicht nur ein Gegenspieler ist, sondern auch eine wichtige ordnende und stabilisierende Funktion hat. Man könnte sogar sagen, dass sie mehr oder weniger alles zusammenhält, sie ist das verborgene Grundgesetz des Alltags. Sie sorgt nämlich dafür, dass alles eine gewisse Stabilität hat. Das Glas bleibt auf dem Tisch, die Suppe kann in den Teller gefüllt werden und bleibt dann auch dort. Der Salat wird in der Schüssel gemischt und verharrt darin, statt langsam Blatt für Blatt davonzuschweben. Möbel kann man in einem Zimmer hier und dort platzieren, sie bleiben dann an dem ihnen zugewiesenen Ort und stehen nicht etwa am nächsten Morgen an ganz anderer Stelle oder hängen gar an der Decke wie heliumgefüllte Luftballons. Auch die Babywindel, die man in den Mülleimer geworfen hat, mag zwar von dort aus einen unangenehmen Geruch verbreiten, aber sie bleibt wenigstens dort, statt vor unserem Gesicht umherzufliegen, während wir gerade dabei sind, das Mittagessen zuzubereiten. Autos,

Fahrräder, Fußgänger und Hunde, denen wir draußen begegnen, bewegen sich horizontal und oft in halbwegs klaren Linien, sie schweben nicht kreuz und quer umher. Wir selbst bleiben stabil, wo wir sind, es sei denn, wir fassen den Entschluss, aufzustehen und uns fortzubewegen.

All das entfällt im Staubbereich. Denn hier spielt die Schwere nur noch eine geringe Rolle. Stattdessen werden andere Kräfte, die in der Materie stecken, wichtiger. Insgesamt wird die Welt unberechenbarer, denn alles kann überall sein und alles kann sich begegnen, sich miteinander verbinden.

Wären wir klein wie ein Staubteilchen, dann hätten unsere Beine kaum noch eine sinnvolle Bestimmung. Gehen würde nicht recht funktionieren. Es würde sich vielmehr ungefähr so darstellen wie das »Gehen« der Astronauten im Weltall. Es reichte, den Untergrund ein wenig anzutippen, schon entschwebte man in den Raum. Die kraftvollen Muskeln, mit denen unsere Beine ausgestattet sind, um uns »oben« zu halten, würden verkümmern. Stattdessen wäre es im staubteilchengroßen bzw. staubteilchenkleinen Leben viel wichtiger, sich ständig mit den Armen irgendwo festzuhalten. Und auch zur Fortbewegung wären die Arme deutlich brauchbarer, solange man irgendwo etwas findet, an dem man sich festhalten und weiterziehen kann.

Ein ruheloses, nomadisches Dasein! Man könnte sich nirgendwo hinsetzen, denn wann immer man es sich gemütlich machen wollte, schwebte man schon wieder davon. Hätte man irgendwo Bänke oder Stühle, müssten diese fest mit der Oberfläche vernagelt sein, und auch wir selbst müssten uns an die Stühle förmlich anbinden. Essen und Trinken wären genauso schwer, eine größere Menge Wasser, etwa ein Tröpfchen oder eine kleine Lache auf dem Tisch, wären für uns staubkleine

Wesen schon lebensgefährlich. Berührte man sie, bliebe man unweigerlich hängen. Auch unsere Speisen, mehlfeine Körnchen nämlich, lägen nicht auf Tellern, sondern würden durch den Raum schweben. Sie blieben zwar auf einem Teller haften, doch schon der leiseste Windhauch bewegte sie wieder in die Luft, wo sie umherschwebten, verfolgt von unseren hungrigen Blicken.

Alles um uns herum würde in Bewegung geraten! Alles wäre chaotisch! Während es für staubfeine Teilchen nämlich ein Leichtes ist, zu entschweben, fällt es ihnen schwer, an einem Ort zu bleiben. Auch dieses Buch zu lesen, wäre im Staubreich nicht einfach, denn ein winziges Buch haftete fest an Ihrer Hand, Ihrer Kleidung und würde so zu einer allzu fesselnden Lektüre, die Sie, auch wenn Sie wollten, nicht mehr aus der Hand legen könnten.

Die Welt eines staubfeinen Teilchens ist also eine ziemlich verwirrende Welt. Einerseits kann man sich leicht fortbewegen, kann durch Fenster und Türen gehen, kleinste Ritzen, die man nicht mehr sehen kann, reichen als Durchlass. Man hat keine Flügel und kann doch fliegen oder zumindest schweben, der sanfteste Luftzug genügt. Auch in die Höhe kommt man ohne Mühe, je nach Wetterlage kann man sogar den Weltraum erreichen und die Erde von oben betrachten, ganz ohne Kosten – allerdings gäbe es keine Rückfahrkarte, denn gezielte Bewegungen sind schwer bis unmöglich.

»Mann über Bord« heißt es auf hoher See, wenn jemand aus dem Schiff gestürzt ist; und auch in der Staubwelt gilt: Wer sich einmal nicht festgehalten hat, entschwebt auf Nimmerwiedersehen.

Damit sind wir bei den vielen Gefahren, die einem Staubteilchen drohen. Die Erde unfreiwillig zu verlassen, dürfte eine davon sein, eine andere, viel alltäglichere ist die, plötzlich beerdigt zu werden. Innerhalb der Wohnung ist es wohl die Begegnung mit dem Staubsauger oder dem Luftreinigungsgerät, die dem Staub Sorgen machen könnte. Dieses Gerät macht aus vielen unabhängigen Staubansammlungen, die noch beweglich sind und umherschweben, eine einzige, die dann in der Mülltonne landet.

Doch nicht nur in der Wohnung, auch im Freien drohen Feinde. Die schlimmsten sind die, die friedliebend und freundlich daherkommen, die feinen, weichen Tröpfchen eines dichten Nieselregens etwa. Noch gefährlicher aber ist der Schnee. Wenn man in der Menschenwelt sagt: »Wie schön, es schneit«, dann erbebt die Staubwelt, denn aus Staubsicht sind die Schneeflocken wie eine riesige Armee von Wischmopps, die langsam durch die Luft nach unten sinkt und dabei allen umherschwebenden Staub, der sich nicht schnell genug in Sicherheit bringt, mitnimmt. Jede Schneeflocke beginnt ihr Leben, indem sie ein Staubkorn erledigt, denn im Kern der meisten Schneeflocken findet sich ein Staubpartikelchen, das wider Willen als Kristallisationskeim dient und damit unweigerlich nach unten transportiert wird. Und es bleibt nicht bei diesem einen Opfer.

Indem die Schneeflöckchen nach links und nach rechts pendelnd langsam durch die Atmosphäre nach unten sinken, binden sie mehr und mehr Staubpartikel. Ihre Bewegungen erinnern selbst an die des Staubes, und deshalb gelingt es ihnen auch, eine Menge von ihm einzufangen. Und selbst wenn der Schnee schon am Boden liegt, so zeigt eine neue Studie, hört sein Appetit auf Staub noch lange nicht auf! Denn er kühlt die über ihm liegende Luft ab, die daraufhin in eine Abwärtsbewegung gerät, wodurch auch die letzten sich noch in der Luft befindlichen Staubpartikel mitgerissen werden und an den feinen Kristallen hängen bleiben.

Und so kommt es, dass der weiße Schnee, jedenfalls der Schnee in Städten, der schmutzigste Niederschlag überhaupt ist. Dass es wirklich so ist, kann man einfach testen, indem man eine Handvoll frisch gefallenen Schnee auf einen weißen Teller legt und abwartet. Im warmen Zimmer offenbart schmelzender Schnee rasch seinen schwarzen Kern: die Rußpartikel, die er auf seinem langsamen Weg aufgesammelt hat und die sich in der kalten Winterstadtluft als Resultat ungezählter Feuer angesammelt haben. Auch viele Fasern finden sich, wenn man näher hinsieht. Wer je eine Portion Schnee in den Mund genommen hat, wird sich gut an den pelzigen, manchmal sogar metallischen Geschmack erinnern ... Wer sich hingegen nicht so sehr für den Geschmack von Feinstaub und Abgasen interessiert, sollte lieber die Finger von diesem allerschmutzigsten, wenn auch unbestritten schönsten Niederschlag lassen.

Wenn also Niederschläge, besonders Schnee, ein Drama für die Staubwelt sind, so lebt sie umgekehrt auf, wenn es lange trocken ist und zudem noch die Sonne scheint. Denn dann gerät der Staub durch die Strahlung und die Wärme in Bewegung, das Wasser, das ihn schwer macht und bindet, verdunstet, vom Boden steigt immer neuer Staub auf, der, wenn keine Winde und kein Niederschlag ihn forttransportieren, auch länger schweben kann. In dem Fall kann sich sogar aus dem Nichts, aus der bloßen Luft heraus, neuer Staub bilden.

Hätte die Staubwelt ihre eigene Geschichtsschreibung, dann wäre der Beginn der Industrialisierung darin sicherlich als revolutionäres, gewaltiges Ereignis verzeichnet, denn von da an ging es mit dem Staub in der Luft stetig bergauf. Immer mehr und immer seltsamere Partikel erreichten die Atmosphäre, und die größten Industriestädte, die sich heute allerdings vor allem in

Asien befinden, sind zugleich auch die gewaltigsten Staubschleudern, neben deren täglicher Partikelproduktion selbst Vulkane inzwischen bescheiden wirken. Seit seinem frühesten Auftreten wirbelt der Mensch Staub auf, und zwar einerseits durch sein Hämmern, sein Bohren, sein Pflügen und Stampfen, durch seine Arbeit und Tätigkeit, aber mehr noch deshalb, weil er mit dem Feuer, mit dem er seit etwa einer Million Jahren im Bunde ist, eine höchst produktive Staubquelle stets mit sich führt und in Betrieb hält. Denn neben Asche und Kohlendioxid ist Feinstaub eines der hauptsächlichen Exkremente des Feuers, egal wie hochtechnisiert es auch daherkommen mag. Und mit dem von den Feuern der Menschen und ihren Produkten ausgelösten Klimawandel, der zu immer mehr Dürren, viel weniger Schnee und mehr Waldbränden führen wird, stehen der Staubwelt wahrhaft großartige Zeiten bevor! Wir kommen darauf zurück.

Nun kennen Sie also die Freuden eines Staubpartikels und die Gefahren, die ihm drohen, seine Ängste und seine Hoffnungen. Aber was steckt dahinter? Wie kommt es, dass sich Staubteilchen so völlig anders verhalten als die gewöhnlichen Dinge, die doch immerhin aus demselben Stoff gemacht sind wie der Staub? Warum bleibt der Wollpullover im Schrank, während die Wollfluse, die sich von ihm abgelöst hat, quer durch die ganze Wohnung fliegt, als ginge sie die Schwerkraft nichts an? Warum flust

der Pullover überhaupt, während die Fluse von sich aus nicht pullovert, keine Pullover hervorbringt?

Dahinter steckt, wie so oft, die Physik. Die eine Hälfte des Staubverhaltens erklärt die Thermodynamik. Diese lehrt, dass die Entropie, die Unordnung im Weltall, stetig zunimmt. Deshalb löst sich die Fluse vom Pullover ab und bildet in der Zimmerecke das Durcheinander der Wollmaus, während sich umgekehrt bislang noch nie aus noch so vielen Wollmäusen je ein Pullover gebildet hat.

Die andere, vielleicht noch interessantere Hälfte des Staubverhaltens lässt sich verstehen, wenn man sich die Physik und die Chemie der Oberfläche anschaut. Bei großen Gegenständen, etwa beim menschlichen Körper, ist mehr innen verborgen als außen offenbar. Das ist schon bei einer kleinen Zwiebel der Fall, denn die hat bekanntlich ziemlich viele, ziemlich dünne innere Schichten, während außen nur eine oder zwei Schichten als Schutz dienen. Ganz anders ist das bei Staubteilchen, die kaum ein Innen haben, das von ihrem Äußeren verborgen und zugleich geschützt wird. Sie sind so klein, dass fast alles, was innen ist, auch außen ist. Und was außen ist, das kann in Kontakt mit anderem treten, das ist aktiv und reaktiv, das lässt sich berühren, beknabbern, verreiben, erhitzen und verbrennen. Es gibt hier keine Oberfläche, hinter der sich eine Tiefe verbirgt, vielmehr ist alles Oberfläche. Und das hat enorme Konsequenzen. Staubteilchen sind deshalb nicht nur die allerfeinsten, sondern auch die allerempfindlichsten, allersensibelsten Teilchen, sie tragen ihr Herz nicht nur auf der Zunge, sondern sind ganz und gar Herz, ohne irgendeinen Schutz.

Jeder, der kocht, weiß, dass fein pulverisierte Zutaten viel intensiver und schneller agieren als grobe. Puderzucker löst sich schneller auf als Kandiszucker. Frisch gemahlener Pfeffer schärft viel kräftiger. Und auch bei Stoffen, die nicht essbar sind, lässt sich dies beobachten: Fein gesponnene Stahlwolle, die man zum Scheuern von Töpfen verwendet, ist ein leicht entzündbares Zeug, sie verglüht, wenn man auch nur einen Funken darauf fallen lässt, was ein Stück Stacheldraht nicht machen würde. Im Chemielabor weiß man, dass schlechthin jeder Stoff, den man fein pulverisiert und damit zu Staub macht, ein viel lebhafteres Temperament annimmt als Stoffe in groben Stücken. Deshalb ist der Mörser, in dem die Stoffe vermahlen werden, eines der Wahrzeichen der Chemie. Man kann (wenn auch nicht im Mörser) extrem feines Eisenpulver herstellen, das sich sofort entzündet, sobald man das Reagenzglas umdreht und das Pulver herausrieseln lässt. Einem Eisennagel käme ein solches Verhalten nie in den Sinn. Ganz ähnlich würde auch ein Weizenkorn nie explodieren, wenn man es mit einem Streichholz anbrennt, ein Teelöffel Weizenmehl, gut mit Luft gemischt, explodiert hingegen sehr wohl. Dieses Phänomen hat schon manche Kornmühle in die Luft gejagt und ist einer der Gründe dafür, dass Mühlen oft außerhalb von Städten angesiedelt wurden. Allen staubfeinen Teilchen fehlt gewissermaßen die schützende Schicht, die Haut, ihr gesamtes Inneres ist bloßgelegt. Alle staubfeinen Teilchen weisen eine stark erhöhte Reaktivität auf.

Und das Verhältnis von Oberfläche und Masse erklärt auch ihre hohe Mobilität, ihre unglaubliche Beweglichkeit. Staubpartikel sind in der Lage zu schweben, weil sie mehr Oberfläche als Masse haben, ganz ähnlich wie auch ein kleiner Fetzen Aluminiumfolie durchaus ein wenig umherfliegen kann, während eine gleich schwere Aluminiumkugel nur schnellstmöglich fällt.

Insgesamt kann man Staub als entfesselte Materie bezeichnen. Oder auch als befreite Materie, denn die Bande, mit denen die Materie sonst ruhiggestellt ist, sind weitgehend aufgehoben. Er ist frei, damit aber auch weitgehend schutzlos, zu dauerndem Ortswechsel und dauernder Transformation gezwungen. Wie fahrendes Volk verbindet er aber auch die sesshaften Dinge dieser Welt, manchmal über Tausende Kilometer und große Ozeane hinweg. Er ist ein Anarchist, der die üblichen Gesetze auf den Kopf stellt. Dieses Fast-Nichts hängt aber mit allem zusammen, denn alles kann zu Staub werden und dann in einen Zustand verminderter Sichtbarkeit, aber erhöhter Wirksamkeit und Beweglichkeit übergehen.

Doch Fast-Nichts ist als Bezeichnung für ihn zu negativ, denn zugleich ist der Staub auch Beinahe-Etwas, aus ihm kann alles werden, er ist ein Vorblick auf etwas, das in Gärung ist, das sich erst noch bilden wird. Die Erde selbst entstand, sagen uns die Physiker, aus kosmischem Staub, der sich verdichtete. Ständig ist die Staubwelt in Bewegung, in Transformation, bleibt keine Sekunde stabil. Und diese kleine Welt hat auch in allem Werden, in allem Wandel, in allen Umwälzungen der großen Welt immer wieder ihre Hand im Spiel.

WIE DEFINIERT MAN »STAUB«?

»Staub« kommt als Wort ganz unschuldig daher. Es ist ein Sachwort, das zu dem nur noch selten gebrauchten Verb »stieben« gehört, womit eine ungeordnete Bewegung in alle Richtungen gemeint ist, wie zum Beispiel in: »Die Funken stieben.« Auch das Verb »stöbern« ist mit dem »Staub« verwandt, denn es bezeichnet etwas Ähnliches, nämlich das ungeordnete Suchen in alle Richtungen, das »Herumstöbern«, das wir von aufgeregt schnuppernden Hunden ebenso kennen wie von begeisterten Gelehrten in einem Archiv oder in einer Bibliothek. Auch das Verb »flusen«, das mit »fliegen« verwandt ist, hängt mit dem Staub zusammen, von ihm kommt nämlich die »Staubfluse«. Staub ist also das, was umherfliegt, und zwar in alle Richtungen. Man kennt auch den Plural, »Stäube«, der aber ist eher ungebräuchlich und wird nur in der Wissenschaft verwandt, um verschiedene Arten von Staub zu kennzeichnen.

Doch die Grammatik und Etymologie eines Wortes sind das eine, die Gedanken, die es in uns auslöst, sind eine ganz andere Geschichte. Wahrscheinlich ist das Erste, was die meisten vor sich sehen, wenn sie »Staub« hören, eine graue Fluse, wie sie unter einem Bett lagert und die man erstaunt entdeckt, wenn man versucht, den Gummiball der Kinder, der daruntergerollt ist, hervorzuangeln: »Wie kommt die denn hierher, gestern habe ich doch erst gesaugt …?!« Die Staubfluse heißt auch Wollmaus oder im Französischen »mouton de poussière«, Wollschaf, und man könnte denken, dass diese Kreatur bei unseren französischen Nachbarn nicht nur größer, sondern auch etwas gemütlicher ist. In jedem Fall hat die Staubfluse eine eigenartige Lebendigkeit. Sie bewegt sich und scheint zu fliehen, sobald man sich ihr nähert. Ihre feinen Härchen sind, wenn man sie genauer betrachtet, in ständiger Bewegung. Ein unheimliches Ding! Aus lauter Fasern und Haaren und Krümelchen scheint sie zu bestehen, alles in totaler Unordnung – sie ist das absolute Gegenbild zu unserer wohlgeordneten Welt. Denn die Fasern sind nicht gekämmt, gebürstet und auf Linie gebracht, wie es in unseren Textilien der Fall zu sein pflegt, sondern kraus und wirr, und daher kann man auch die Gestalt der Staubfluse nicht bestimmen. Man weiß nicht einmal, wo sie anfängt und wo sie aufhört.

Und ihr Verhalten ist ebenso unberechenbar, denn sie taucht da auf, wo man sie nicht erwartet, und bewegt sich nach ihrem eigenen Plan, sie »stiebt« eben und fliegt umher. Sie nährt sich von den Abfällen und Überresten der Dinge und Lebewesen, insbesondere von unseren eigenen, aber denkt nicht daran, etwas Nützliches zu tun. Ihr Leben ist nicht sesshaft, sondern nomadisch, und ebendeshalb glauben wir uns berechtigt, sie zu verfolgen, und sind erst zufrieden, wenn sie im dunklen Verlies des Staubsaugerbeutels für immer verschwindet.

Doch beim Wort »Staub« taucht nicht nur die Wollmaus auf, der man ja als Freak unserer Dingwelt vielleicht noch einen Rest Sympathie entgegenbringen kann. Unweigerlich denkt man an jene Worte aus der evangelischen Liturgie, die oft bei Beerdigungen gesprochen werden: »Asche zu Asche, Staub zu Staub.« Für nicht wenige ist die Quintessenz der christlichen Religion genau dies, der Hinweis auf die allgemeine Vergänglichkeit alles Leiblichen.

Wie von selbst kommen uns Redewendungen wie »zu Staub zerfallen« oder »in den Staub treten« in den Sinn. Staub ist, zumindest in unserem alltäglichen Sprachgebrauch, ein Wort, das nicht den Anfang, sondern das Ende von Dingen anzeigt. Die Bibel ist ja in einem recht trockenen, staubreichen Land, in Wüstennähe, geschrieben worden. Kein Wunder, dass der Staub eine relativ negative Rolle in diesem Buch der Bücher hat. Bei der Aussendung seiner Jünger trägt Jesus diesen auf, sich »den Staub von den Füßen zu schütteln«, wo immer sie nicht gut aufgenommen werden. Damit greift er ein jüdisches Ritual auf; denn bei der Rückkehr von Reisen pflegten Juden den Staub der unheiligen Länder, die sie betreten hatten, von ihren Schuhen zu schütteln, um das Heilige Land nicht damit zu verunreinigen. Staub ist in der Bibel auch wegen seiner Allgegenwart wenig angesehen; er kommt daher immer ins Spiel, wo gezeigt wird, dass etwas oder jemand schlecht ist; die Schlange etwa muss im Staube kriechen. Die positiven Aspekte des Staubes, dass er zum Beispiel Grundlage für Ackerbau und Leben sein kann, sind in der Bibel viel weniger prominent, geschweige denn, dass irgendwo einmal geschrieben stünde, wie angenehm es sein kann, barfuß auf feinem, seidigweichem Staubboden zu laufen. Und Staubschichten, die Möbel zudecken, haben ja auch etwas Zärtliches. Dass die positiven Aspekte des Staubes in der Bibel so wenig berücksichtigt werden, hängt wohl damit zusammen, dass auch die positiven Aspekte des Menschen und seines Leibes in der Bibel eher weniger angesprochen werden; und der Mensch ist, wie ausdrücklich gesagt wird, aus Staub geschaffen, womit nur seine Hinfälligkeit gemeint ist, aber nicht seine Erdverbundenheit.

Auch wer noch nie oder schon lange nicht mehr einen christlichen Gottesdienst besucht hat, denkt bei Staub vor allem an Negatives, an Zerstörung. Staub erweckt den Gedanken an Alter, denn alle alten Dinge sind eingestaubt und vollgestaubt, die Staubschicht auf ihnen macht sie nicht nur grau, sondern zeigt auch, dass sie kaum mehr verwendet werden und weitgehend nutzlos sind. Wo etwas »zu Staub zerfallen« ist, da kann es durch keine Macht der Welt wiederhergestellt werden. Es ist für immer verloren.

Und doch wird damit der Staub als Naturphänomen und auch als Kulturphänomen völlig einseitig gesehen. Neben dem Zu-Staub-Zerfallen vergessen wir das Bestäuben, jenen natürlichen Vorgang, durch den sich die Pflanzen vermehren und ohne den kein einziges Weizenkorn, kein Apfel, keine Weintraube, keine Orangen oder Zitronen entstehen könnten.

»DIE SUPPE«: STAUB IN DER WISSENSCHAFT

Daher hat auch die Wissenschaft versucht, einen eigenen Staubbegriff zu kreieren, der möglichst neutral ist, um so den Staub, der in alle Richtungen flieht und flust, einzufangen. Man spricht von A-E-R-O-S-O-L-E-N. Die wenigsten wissen, wie man dieses Wort richtig ausspricht, auch manchen Aerosolforschern gelingt das nicht immer auf Anhieb. Es ist ein aus einem griechischen und einem lateinischen Teil zusammengesetztes Kunstwort, das ungefähr »Luftlösung« bedeutet. Was ist das schon wieder? Jedenfalls ist keine Luftnummer gemeint, vielmehr will dieser Begriff darauf hinweisen, dass Staub und Luft zusammengedacht werden müssen.

An sich kehrt diese neueste Definition, dieser neueste Versuch, das unruhige Staubreich einzugrenzen, zur allerersten zurück, die der heilige Isidor von Sevilla in seinem etymologischen Lexikon gab, einem Werk, das im Jahre 623 n. Chr. erstmals veröffentlicht wurde. Dort schrieb Isidor, dass Staub genannt werde, was von der Kraft des Windes herumgewirbelt wird: »pulvis dictus, quod vi venti pellatur«. Staub und Luft können also nicht getrennt voneinander betrachtet werden. Zum Beleg dieser Tatsache führt Isidor keine Beobachtung oder ein Experiment an, sondern einen Psalm aus der Bibel.

Der moderne Begriff »Aerosol« ist erst einige Jahrzehnte alt. 1955 wurde das erste Lehrbuch über Aerosolforschung publiziert, geschrieben vom russischen Physiker Nikolai Albratowitsch Fuchs. Die erste Zeitschrift für Aerosolforschung erschien 1970.

Gemeint ist mit dem Terminus eine Mischung von schwebenden, staubfeinen Partikeln und Luft oder auch bestimmten Gasen, und man will mit diesem Ausdruck darauf aufmerksam machen, dass der eigentlich interessante Staub nicht der ist, der unbeweglich am Boden liegt oder in Behältern stillgestellt wurde, sondern der, der in Bewegung ist, der schwebt und herumwirbelt, also der Staub in der Luft. Ein Aerosol, das sind kleine Teilchen in der Luft, und es können sowohl feste Teilchen wie Rußpartikel sein als auch feinste Wassertröpfchen; Dampf ist demnach ebenso ein Aerosol wie Rauch. Es gibt künstlich hergestellte Aerosole, wie zum Beispiel Sprays, die einen Wirkstoff fein zerteilen, damit er eingeatmet oder besser verteilt werden kann. Aerosolforscher beschäftigen sich daher auch mit den Möglichkeiten, nützliche Aerosole herzustellen. Vor allem aber untersuchen sie jene Aerosole, die wir notgedrungen täglich einatmen, etwa die Stadtluft.

Heute gibt es eine große internationale Gemeinschaft von Aerosolforscherinnen und -forschern; doch selbst ihnen ist das schwer auszusprechende Wort unheimlich. Wenn sie unter sich sind, nennen sie ihren Forschungsgegenstand lieber »die Suppe«, um damit auszudrücken, wie unterschiedlich die Bestandteile sind, die zum Beispiel in der Stadtluft zusammenkommen, aber zugleich auch, dass diese Teilchen alle miteinander ein neues Ganzes bilden. Ich habe an vielen Workshops teilgenommen, in denen nicht ein einziges Mal von A-E-R-O-S-O-L-E-N die Rede war, sondern nur von »der Suppe«, einer Suppe, die ungeheuer vielfältig ist, die dick sein kann oder dünn, die eine bestimmte Schichtung und eine Dynamik aufweist, die im Winter »in der Stadt drinhockt«, die »aufgewühlt wird, wenn es warm wird«, oder die »von einem kräftigen Wind aus der Stadt herausgepustet wird«. »In der Suppe rühren«, »stirring the soup«, das ist das Wort, das Wissenschaftlerinnen und Wissenschaftler häufig für ihre Tätigkeit verwenden, und es scheint mir sehr treffend zu sein. Man rührt, bringt den Bodensatz nach oben und lernt so die Suppe besser kennen. Dass das nicht nur eine spleenige Tätigkeit ist, sondern durchaus Relevanz hat, kann vielleicht ein Beispiel klarmachen.

In Melbourne, Australien, kam es während eines Gewitters am 16. November 2016 zu einer extremen Häufung von Asthmaanfällen, 1900 Notrufe wurden innerhalb von fünf Stunden aufgezeichnet, und die Notaufnahmen der Krankenhäuser waren völlig überlastet, es kam zu neun Todesfällen. Auch aus anderen Ländern werden solche Ereignisse berichtet, und oft wirbelt starker Regen mehr Staub auf, als er bindet. Weil im Zuge des Klimawandels solche Gewitter häufiger vorkommen, ist ein Forschungsteam an der Universität Augsburg dem Phänomen auf den Grund gegangen. Unsere Untersuchung des sogenannten Thunderstorm-Asthmas, die von Andreas Philipp geleitet wurde, zeigt, dass auch in Bayern ein Maximum der asthmabedingten Notarzteinsätze im Juli nachweisbar ist. Die Gewittersaison, die von Mai bis August verläuft – in dieser Zeit ereignen sich fast alle Gewitter im Jahr, jedenfalls in Bayern –, hat ebenfalls im Juli ihr Maximum. Der Zusammenhang ist also auch in Mitteleuropa nachweisbar. Bis hierhin ist die gesundheitsbezogene Staubforschung vor allem Statistik.

Nun aber kommt die Suppe ins Spiel. Was tut sich in der staubigen Luft, wenn sie von Gewitterstürmen aufgerührt wird? Es dürften die Aufwinde sein, die bei Gewittern häufig sind, aber auch die platzenden Tropfen, welche Pollen und Pilzsporen, die vielleicht schon am Boden gebunden waren, aufwirbeln, wieder in die Luft befördern und so ihre Konzentration erhöhen. Auch im Alltag beobachten wir, dass starke Winde staubreich sind. Außerdem steigert die Feuchtigkeit des Gewitterregens ihre Aktivität vermutlich noch. Unsere Schlussfolgerungen waren, kurz gesagt, dass die in Mitteleuropa rasch wachsenden Risikogruppen der Asthmatiker und Allergiker vermeiden sollten, bei Stürmen, besonders bei Gewitterstürmen, vor die Tür zu gehen. Dies ist naheliegend und entspricht ohnehin dem normalen Verhalten – zusätzlich sollten aber auch die Fenster geschlossen gehalten und die Medikalisierung angepasst werden. Auch die Notfallambulanzen müssen über den Zusammenhang informiert sein, um eine Überlastung besser abfangen zu können.

Das Thunderstorm-Asthma-Beispiel zeigt, dass Aerosolforschung nicht nur eine hohe medizinische Relevanz hat, sondern auch überraschende Erkenntnisse zutage fördert: Gewitterluft ist keine grundgereinigte Luft, wie viele Menschen glauben, sondern, ganz im Gegenteil, eine besonders dicke Suppe.

Für die Öffentlichkeitsarbeit der Aerosolforschung wäre der Suppenbegriff vielleicht förderlich, weil man sich darunter mehr vorstellen kann als unter der Buchstabenfolge A-E-R-O-S-O-L, die stolpern lässt, statt Einsicht zu verbreiten. Würde sich die Staubwelt selbst einen Namen geben, der frei von Wertungen ist und andererseits auch relativ verständlich, so würde sie sich vielleicht »Microcommunity« nennen. Damit wäre immerhin der gemeinschaftliche Charakter dieser Sphäre ganz gut ausgedrückt, denn dieser Begriff lässt auf ein ziemlich geselliges inneres Leben schließen, und das ist tatsächlich für die Staubwelt, die alles andere als tot ist, charakteristisch. Und da sie recht lebendig ist, kann man sich auch Gedanken über ihre Staatsverfassung, über ihr Grundgesetz machen; ich nehme an, dass der erste Paragraf lauten würde: *Anything goes*. Es ist eine multikulturelle Parallelwelt, in der Giftiges und Gesundes, Kostbares und Wertloses, Irdisches und Außerirdisches friedlich miteinander umherschweben und leben und zueinander finden.

STAUB, FEINSTAUB UND ULTRAFEINSTAUB: WIE KLEIN IST KLEIN?

»In Stuttgart isch wieder mol Feinstaubalaaarm – rette sich, wer kann!« So der schwäbische Rapper Mc Bruddaal, der damit auf ein chronisches Problem der Stadt Stuttgart hinwies. Alle Jahre wieder, besonders zur Winterzeit, gibt es dort Probleme mit dem Feinstaub in der Luft, woran nicht nur der Autoverkehr schuld ist, sondern auch die Tatsache, dass die Stadt förmlich in einem Schacht, einem Canyon sitzt, von recht steilen Hängen umgeben. Das erschwert es dem Wind, den Staub herauszublasen, und ist einer der Gründe, weshalb nicht einmal der grüne Oberbürgermeister Kuhn in Stuttgart den Feinstaub erfolgreich bekämpfen konnte, womit er Mc Bruddaal schwer enttäuscht hat, der rappte: »OB Kuhn, du muscht ebbes tun, aber nicht rumrennen wie'n kopfloses Huhn.«

Feinstaub ist ein Star geworden, über ihn wird nicht nur gerappt, er schafft es auch immer wieder, vor allem im Winter, auf die Titelseiten von Zeitungen und Magazinen, doch worum handelt es sich überhaupt? Fast immer, wenn von Feinstaub die Rede ist, werden im gleichen Atemzug bestimmte Größeneinheiten genannt, vor allem die Größe Mikrometer. Was ein Mikrometer ist, also 1 µm, haben Physikerinnen und

Physiker schnell erklärt. Sie sagen dann, 1 Millimeter ist ein Tausendstel (1/1000) Meter, 1 µm ist 1/1000 Millimeter, und 1 Nanometer ist 1/1000 Mikrometer. Doch während wir mit Meter, Zentimeter und sogar noch Millimeter halbwegs vertraut sind, fällt es den meisten schwer, sich einen Mikrometer oder gar einen Nanometer vorzustellen.

Unter normalen Umständen sind die Dinge, mit denen wir hantieren, wenigstens 1 cm groß, nur Haare oder Bindfäden haben einen Durchmesser, der kleiner ist als 1 mm. Viele haben Mühe, wenn sie einen solchen Bindfaden durch ein Nadelöhr bringen sollen, und ich erinnere mich, dass meine Oma mich öfter bat, ihr beim Einfädeln zu helfen, weil ihre Augen nicht mehr gut genug waren. Bei Hochleistungsmikroskopen in Physiklaboren ist die Probenpräparation ebenfalls etwas, das die jungen Mitarbeiterinnen und Mitarbeiter übernehmen müssen, weil die Professorinnen und Professoren die Proben kaum noch sehen, geschweige denn mit ihnen hantieren können.

Jene winzigen Partikel, aus denen sich der Feinstaub zusammensetzt, und die typischerweise Durchmesser haben, die in der Größenordnung von Mikrometern sind, sind noch weitaus dünner als ein Bindfaden oder eine Partikelprobe. Wir können sie normalerweise nicht sehen. Und doch unterschätzen wir unsere Wahrnehmungsfähigkeit, wenn wir schlichtweg sagen, dass Feinstaub »unsichtbar« sei.

Es gibt nämlich Momente, in denen wir auch winzigste Teilchen wahrnehmen, und zwar ganz ohne die Hilfe von Instrumenten und Mikroskopen.

Eine solche Situation kennt jeder aus dem Kino: In einem vollständig abgedunkelten Raum scheint ein heller Lichtstrahl aus einer sehr starken Lampe quer hindurch. Schaut man von der Seite auf diesen Lichtstrahl, dann sieht man darin winzige tanzende Staubpartikel. Dieses Phänomen ist schon immer beobachtet worden, bereits die Steinzeitmenschen kannten es; denn es tritt nicht nur im Kino auf, sondern auch dann, wenn ein Sonnenstrahl durch eine kleine Öffnung in einen sonst dunklen Raum dringt. Doch weil der britische Physiker und Bergsteiger John Tyndall es in den 1850er-Jahren experimentell untersucht hatte, bezeichnen es seine Kollegen ihm zu Ehren als Tyndall-Phänomen. Der Lichtstrahl vor dunklem Hintergrund ist bis heute eine wichtige Methode, um den Feinstaubgehalt in der Luft zu messen, denn je deutlicher man den Strahl sieht, desto mehr Feinstaub ist in der Luft unterwegs. Das passt zu unseren alltäglichen Erfahrungen, denn dicke Luft können wir wirklich sehen, und man weiß, dass Lichtstrahlen vor allem in rauchgeschwängerter Luft besonders gut sichtbar sind, wobei es keine Rolle spielt, ob dieser Rauch von Zigaretten, aus einem Weihrauchfass oder von Räucherstäbchen stammt.

Es gibt noch eine weitere, vielleicht ein wenig merkwürdige Gelegenheit, bei der wir sehr, sehr kleine Teilchen sehen. Erhebt man sich von einem Krankenlager, auf dem man eine Grippe auskuriert, dann spürt man häufig das pulsierende Blut – und man sieht in dieser Situation, wenn man auf eine helle Fläche blickt, kleine Lichtpunkte, die sich im Rhythmus des Pulses fortbewegen. Man kann dieses Phänomen auch ohne Grippe sehen, wenn auch meist weniger deutlich, und zwar, wenn man liegend in einen blauen Himmel blickt.

Was man da sieht, sind Partikel nicht um uns, sondern in uns, es sind die weißen Blutkörperchen, die sich durch die Kapillaren der Augen mit dem Puls des Blutes bewegen und in dieser Situation sichtbar werden. Oft haben sie hinter sich eine Art Schatten, der aus den deutlich kleineren roten Blutkörperchen besteht, die sich hinter den dickeren Brocken stauen. Erstmals im Zusammenhang erörtert wurde dieses Phänomen im Jahre 1819 von dem österreichischen Physiologen Jan Evangelista Purkyně, es wird zu den sogenannten entoptischen Phänomenen gezählt. Der Durchmesser weißer Blutkörperchen liegt im Bereich von einigen Mikrometern. Hier sieht man also in der Tat Objekte, die so winzig sind, dass sie normalerweise nur mit starken Mikroskopen sichtbar gemacht werden können. Auch die als »mouches volantes«, also als »Fliegen«, bekannten schwarzen Schatten, die man mit zunehmendem Alter immer häufiger sieht, haben Größen, die im Mikrometerbereich liegen. Das sind ebenfalls Partikel, die nicht um uns, sondern in uns existieren. Es sind Ablagerungen in der Flüssigkeit des Augapfels, die bei raschen Augenbewegungen aufgestört werden, wie die weißen Flöckchen in einer Schneekugel, und dann wieder langsam absinken.

Um sich die Größe von Mikrometern klarzumachen, kann man eine Ein-Cent-Münze zu Hilfe nehmen. Das ist die kleinste Münze, die derzeit in Deutschland im Umlauf ist, so klein, dass es immer wieder Versuche gibt, sie abzuschaffen. Für Staubforscher ist es aber gut, dass es sie weiterhin gibt, denn man kann sie verwenden, um sich bestimmte Maße, die im Staubreich wichtig sind, klarzumachen. Die Münze selbst hat einen Durchmesser von 1,6 Zentimetern, das sind 16 Millimeter oder 16 000 Mikrometer (μm). So eine Größe kann man noch gut sehen und man kann mit dieser winzigen Münze auch recht gut hantieren. Auf ihrer Vorderseite, dort also, wo die Zahl 1 steht, zeigt das Centstück einen Globus, auf dem

Europa zu sehen ist. An jeder Seite dieses Globus befinden sich sechs Sternchen. Diese Sternchen haben einen Durchmesser von einem halben Millimeter, also von 500 µm. Man kann diese Gebilde ohne größere Mühe erkennen. Doch das Auge ist in der Lage, auch feinere Dinge wahrzunehmen. Unterhalb eines jeden Sterns befindet sich nämlich ein winziger Buckel, den man spätestens dann sieht, wenn man die Münze im Licht ein wenig hin und her dreht. Diese Buckel lassen sich auch erfühlen und sie haben einen Durchmesser von 54 Mikrometern! Damit sind wir bereits im typischen Staubbereich. Viele Pollen haben solche Größen, und tatsächlich können wir Pollen auch recht gut sehen, etwa wenn sie sich auf einer Sonnenbrille absetzen. Werden die Partikel aber noch kleiner, dann können wir sie beim besten Willen nicht mehr sicher unterscheiden.

Der Staub, der die Wissenschaft besonders interessiert, ist der, den wir entweder gerade noch oder schon lange nicht mehr sehen können. Was durch die Luft schwebt, hat in aller Regel einen Durchmesser, der zwischen weniger als einem bis hin zu 500 Mikrometern misst. Je kleiner die Partikel sind, desto länger können sie sich in der Luft aufhalten, ein Partikelchen mit einem Durchmesser von einem Mikrometer benötigt in ruhiger Luft etwa sieben bis acht Stunden, um auch nur einen Meter nach unten zu sinken. Noch kleinere Teilchen können sogar wochenlang schweben, ohne nennenswert zu sinken!

UND DAS SOLL ICH ÜBERLEBEN?

In jedem Liter Luft finden sich viele Tausend Partikel, seien es feine Tröpfchen, Bakterien, feine Sandkörnchen, Rußpartikel, Fetttröpfchen aus der Pfanne, in der gerade das Steak gewendet wurde, oder auch Pflanzenpollen, die wir alle einatmen, denn im Laufe eines Tages atmet ein Mensch zwischen 10 und 25 Kubikmetern Luft mitsamt allem, was darin ist, ein und wieder aus.

Wenn man länger darüber nachdenkt, wird einem Angst und Bange. Wie kann man das überleben? Warum ist unsere Lunge nicht längst so voll mit Staub aller Art, wie es ein Staubsaugerbeutel schon nach wenigen Wochen ist? Hier zeigt sich eben der Vorzug von natürlichen Staubabscheidern gegenüber technischen Geräten. Der Mensch ist – wie alle größeren Landlebewesen – an ein Leben im Staub angepasst.

Weil unsere Atemwege die Partikel, die wir einatmen, immer wieder effektiv hinausbefördern können, überleben wir den täglichen Staub normalerweise relativ gut. Schwierig wird es allerdings, wenn den natürlichen Aerosolen weitere hinzugefügt werden, wie es besonders in Städten geschieht, in denen viele Öfen brennen, viele Autos unterwegs sind; aber auch in Innenräumen, in denen geraucht wird, in denen viele Kerzen brennen, in denen Schimmel gedeiht oder in denen erkrankte Menschen husten und niesen. Dann kann die Suppe, die wir ein- und ausatmen, sehr ungesund werden und akute Erkrankungen auslösen. Man muss leider sagen, dass mehr als die Hälfte aller Menschen weltweit täglich nicht klare Luft, sondern eher eine toxische Suppe einatmen.

Früher maß man in der Staubforschung einfach allen Staub in einem gegebenen Volumen Luft und stellte dann als Maß *Total Suspended Matter* – den Schwebstaubgehalt – auf. Aber wenn man gesundheitliche Wirkungen erforscht, ist dieses Maß nicht sonderlich aufschlussreich. Der Grund liegt in der Natur unserer Atmungsorgane.

Unsere Atmungsorgane und unser Körper insgesamt sind, wie bereits gesagt, an ein Leben mit Staub angepasst, denn auch in der Natur staubt es, und wenn Menschen schon beim Einatmen von ein wenig Qualm oder aufgewirbeltem Staub sofort ernste Lungenprobleme bekommen würden, gäbe es sie schon lange nicht mehr. Tatsächlich aber filtern Nase, Mundhöhle und Rachen bereits einen großen Teil der Partikel, die größer sind als 10 Mikrometer, effektiv weg. Unsere Atmungsorgane sind zu diesem Zweck besonders gebaut. Die Luft muss auf ihrem Weg in die Lunge die Richtung wechseln; zuerst hoch in die Nase, dann hinunter in die Lunge, und dann weiter in viele Verästelungen; der Bau unserer Atmungsorgane erinnert an ein Labyrinth. Die Nase ist nicht nur mit Schleimhaut ausgekleidet, sie ist auch mit größeren Härchen und winzigen Flimmerhärchen ausgestattet, die fast alle Staubteilchen und auch Insekten zurückhalten. Nicht zuletzt wird in der Nase die Luft durch die dort befindlichen Blutgefäße angewärmt. Atmet man durch den Mund, gelangt die Luft zwar viel schneller in die Lunge, aber sie wird nicht aufgewärmt und auch nicht gereinigt – vermehrte Ablagerung von Staub in der Lunge und auch vermehrte Erkrankungen sind die Folge. Die Nase, die Luftröhre und die Bronchien sind mit Schleimhäuten bedeckt, die sich rasch erneuern und die mit ihrem klebrigen, sich ständig erneuernden Schleim alle unerwünschten Partikel loswerden, sodass in den Lungen nur Luft ankommt, die fast keinen Schwebstaub mehr enthält.

Tief in die Lunge können nur Partikel gelangen, die alle diese Hindernisse glücklich überspringen, und das gelingt nur einigen von den allerkleinsten Partikeln, die Durchmesser von weniger als 5 Mikrometern haben. Und es ist gut, dass der Staubfilter von Nase und Bronchien so effektiv ist, denn die Lungenbläschen selbst sind ziemlich wehrlos. Sie haben keine Schleimschicht, die sie schützt. Ihnen helfen nur noch die sogenannten Fresszellen, die Makrophagen, die auch tun, was sie können, um etwaige Staubpartikel, die es tatsächlich bis hierher geschafft haben, zu erledigen, die sich aber an den Partikeln oft genug verschlucken. Es gibt Mikroskopbilder von regelrecht aufgespießten Makrophagen.

In der Staubforschung sagt man: je kleiner, desto gemeiner. PM10-Partikel, deren effektiver Durchmesser 10 Mikrometer beträgt, können die Nase und den Rachenraum passieren und gelangen bis in die oberen Bereiche der Lunge. PM2,5 dringt bis zu den Bronchiolen vor. Der sogenannte Ultrafeinstaub, der kleiner ist als 0,1 Mikrometer, kann es tatsächlich bis zu den Lungenbläschen schaffen.

Nicht alle Partikel, die bis zu den Lungenbläschen vordringen, sind wirklich gefährlich; ein beträchtlicher Anteil des Feinstaubs, auch in der Stadtluft, besteht aus harmlosen Salzen, die sich auflösen. Selbst feinste Rußpartikel, an denen sich vielleicht noch giftige Substanzen angelagert haben, verarbeitet der menschliche Körper oft noch ohne Schaden, weil er im Laufe einer nun schon etwa eine Million Jahre währenden Koexistenz mit dem Feuer besondere Entgiftungsmechanismen ausgebildet hat. Und doch: Was zu viel ist, ist zu viel. Feinstaubbelastungen, die über Jahre eingeatmet wurden, schädigen alle, besonders auch kleine Kinder und Menschen mit Vorerkrankungen, sie führen zu Krankheit und vorzeitigem Tod. Noch schlimmer sind bestimmte toxische Stäube, etwa Asbest, der auch in Deutschland noch bis 1993 verwendet werden durfte und sich nach wie vor auf vielen Dächern und in zahlreichen Wänden befindet. Menschen, die mit diesem Staub in Kontakt kommen, haben zunächst meist keine Beschwerden, bilden aber im Laufe der Jahre oft eine bestimmte, meist tödliche, Erkrankung aus, das sogenannte maligne Mesotheliom, das fast immer durch Asbestfasern ausgelöst wird. Die Prognose bei diesem Krebsleiden ist sehr schlecht: Neun von zehn Erkrankten sterben innerhalb von fünf Jahren, nachdem die Diagnose gestellt wurde, oft bereits innerhalb eines Jahres. Heute noch erkranken allein in Deutschland jährlich rund 1000 Menschen am asbestbedingten Mesotheliom, und viele kennen jemanden, den dieses wirklich schlimme Schicksal ereilt hat. Bisweilen hatten die Betroffenen nur indirekten Asbestkontakt, wenn jemand etwa Wäsche von Bauarbeitern reinigte; auch private Sanierungsarbeiten ohne Maske können die Ursache sein. Da dies alles seit Langem bekannt ist, wundert man sich, dass Asbest weiterhin in vielen Ländern dieser Welt munter verarbeitet wird, etwa in China, in Russland, in Indien und Brasilien; einfach weil dieser Stoff sehr praktisch und preiswert ist. Und auch die Gefahr anderer Stäube, etwa des Feinstaubs, wird vielfach ignoriert oder heruntergespielt; und das ist einer der Gründe, warum es eine wichtige Sache ist, über Staub zu sprechen.

2

Wollmaus oder Feinstaub: Wer ist gefährlicher?

Der Staub ist natürlich unendlich vielfältig, dennoch kennt jeder die zwei berühmtesten Protagonisten des Staubreichs, nämlich die Wollmaus in den Wohnungen und den Feinstaub in den Städten. Sie sind gewissermaßen die allgemeinen Formen des Staubes.

Die Wollmaus ist alles in allem noch gut sichtbar und doch wie ein scheues Reh, das in der Regel im Verborgenen lebt. Man sieht sie keineswegs immer, sondern – wie ich bereits im ersten Kapitel beschrieben habe – nur bei bestimmter Beleuchtung, am ehesten, wenn die Sonne schräg ins Zimmer hineinscheint. Kaum sichtbar ist sie abends bei Kunstlicht und insgesamt bei diffusem, schwachem Licht, das für den Winter typisch ist. Hingegen sieht man das Flusenknäuel sehr deutlich an den ersten klaren Sonnentagen, wenn eine kraftvoll erneuerte Sonne in die Wohnungen scheint; und das könnte auch ein Motiv für den Frühjahrsputz sein, jedenfalls ist in einer von einem Staubsaugerhersteller finanzierten Studie nachgewiesen worden, dass die meisten Menschen morgens staubsaugen.

Auch der Feinstaub in den Städten hat seine Zeiten. Ihn sieht man im Winter am besten, etwa, wenn er am Rande einer viel befahrenen Straße auf dem Schnee als schwarze Schicht sichtbar wird oder aus der Ferne als bräunliche Haube über der Stadt. Mancherorts, etwa in Großstädten in Asien oder in Afrika, muss man freilich nicht auf den Winter warten, hier ist der Feinstaub das ganze Jahr hindurch unübersehbar, reizt zum Husten und ist manchmal so dick, dass man die andere Straßenseite nicht mehr sieht. Wer solche Städte besucht, stellt oft fest, dass die Kleidung rasch verschmutzt, und auch beim Schnäuzen erkennt man ohne Weiteres, dass das, was man einatmet, ziemlich ungesund sein dürfte. Wir kommen darauf zurück!

DAS PARALLELUNIVERSUM DER WOLLMAUS

Wollmäuse – bei manchen lösen sie regelrechte Panik aus. Dabei sind sie weich und schüchtern, bescheiden suchen sie sich einen Platz im hintersten Winkel, sie drängen sich nicht auf und man kann nicht über sie stolpern.

Sie bestehen und bestanden wohl auch früher überwiegend aus faserigen Teilchen, hinzu kommen Krümel aller Art und Herkunft und mineralische Partikel, die aber insgesamt nur etwa 20 Prozent des Gesamtvolumens ausmachen. Grau sind die Wollmäuse in der Regel, weil die Mischung verschiedener farbiger Faserenden eben Grau ergibt und weil alle Wollmäuse in menschlichen Behausungen mit menschlichen Hautschuppen gewissermaßen eingepudert sind. Fasern, die sich verfilzen und verknoten, und Partikel – das ist die Grundstruktur. Hinzu kommt dann noch eine wenig beliebte, aber doch sehr interessante Tierwelt, die teils in den Wollmäusen Deckung sucht, wie das bei der Zitterspinne der Fall ist. Diese in sehr vielen Wohnungen heimische Spinne ist ungiftig, sie fällt vor allem dadurch auf, dass sie, wenn man sie berührt, heftig hin und her schwingt. Neben der Zitterspinne finden sich im Wollmausbiotop auch noch die sogenannten Museumskäfer, die, wie ihr Name schon sagt, häufig auch in Museen vorkommen, aber nicht, weil sie so bildungshungrig wären, sondern weil sie auf der Suche nach Nahrung sind und sich dabei mit Vorliebe den Sammlungen widmen, die sie akribisch und von innen her anknabbern und dabei pulverisieren. Mit ihnen verwandt sind die Teppichkäfer, die, neben den Fasern von Wollmäusen, gerne Teppiche benagen. In Stadtwohnungen seltener, dafür auf dem Land umso häufiger, ist der Kornkäfer, der sich von Getreide nährt und der die Menschen, wie man festgestellt hat, seit der Jungsteinzeit begleitet. Oft leben auch die sogenannten Staubläuse in der Wollmaus und fast immer die Hausstaubmilben, die sich von menschlichen Hautschuppen ernähren.

Natürlich findet man in den Wollmäusen auch die Hinterlassenschaften oder die Reste jener Tiere, die sich zwar weder in der Wollmaus verstecken noch in ihr leben, aber doch gelegentlich ihr Leben in ihr beenden, wie etwa Fliegen oder Mücken. Es befinden sich außerdem Bakterien und Viren in unseren Wollmäusen, aber nicht mehr als auf anderen Oberflächen der Wohnung oder des Hauses.

Während der Covid-19-Pandemie mit ihren weltweiten Lockdowns verbrachten viele Menschen schlagartig mehr Zeit in den eigenen vier Wänden, die sie dann auch genauer betrachteten, und irgendwie verband sich die Angst vor Corona mit der Wahrnehmung, dass zu Hause mehr Staub herumliegt als üblich. Und so scheinen viele plötzlich auf den Gedanken ge-

LAUS

MUSEUMSKÄFER

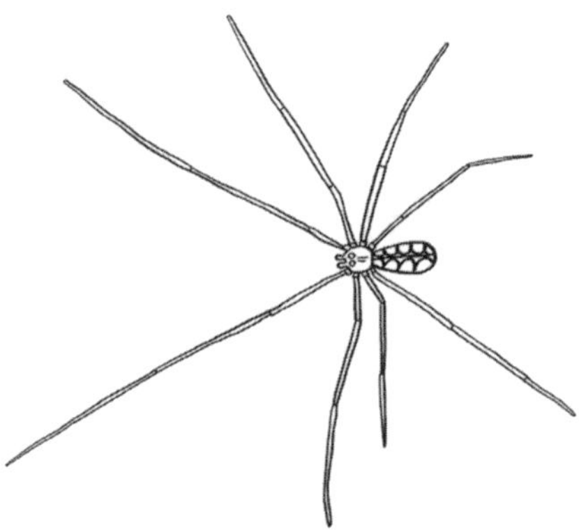

ZITTERSPINNE

MILBE

kommen zu sein, dass im Staub sehr gefährliche Krankheiten unterwegs sind.

Die Staubsaugerhersteller freut es, denn sie blicken optimistisch in die Zukunft, glauben sie doch, dass sie künftig noch viel mehr Sauger unters Volk bringen können, insbesondere in Asien. Ist alles gründlich gesaugt, dann kann man ja nicht mehr krank werden. Doch wie gefährlich ist die Wollmaus eigentlich?

Darauf kann wissenschaftlich nur die altbekannte Antwort gegeben werden: Das kommt darauf an. Sie ist vor allem für kleine Kinder problematisch, weil die bekanntlich sehr gern alles in den Mund nehmen, was sie nur irgendwie zu fassen bekommen, sie krabbeln zudem, und der Staub bleibt an ihren klebrigen Händen hängen, von wo er leicht den Weg in den Mund findet. Nun enthält die Wollmaus zwar überwiegend harmlose Bestandteile: Haare, Fasern und Hautschuppen. Andererseits hat man im Hausstaub auch eine Reihe problematischer Stoffe nachgewiesen, die im Körper als sogenannte endokrine Disruptoren wirken können, die also bestimmte hormonelle Prozesse verändern. Sie stammen oft aus Kunststoffen, zum Beispiel Fasern von Textilien, oder auch von Verpackungsresten.

Es ist aber bislang nicht bekannt, ob und inwieweit diese Stoffe für Kleinkinder wirklich eine Gefahr darstellen. Definitiv gefährlich sind aber so manche Stoffe, die sich vor allem in älteren, bröckeligen Gebäuden finden. Hier ist in erster Linie an alte Lacke und Wandfarben zu denken. Es gibt ein sehr bekanntes und verbreitetes Farbpigment namens Bleiweiß. Die Produktion ist sehr einfach: Früher stellte man Bleiweiß her, indem man den Boden einer Kammer mit Pferdeäpfeln bedeckte, eine Schale mit Essig dazustellte und in den Dunst darüber Bleifolien hängte. So befremdlich diese Anordnung wirken mag, sie führt, wie ich selbst überprüft habe, zu einem blütenweißen

Pigment: Bleiweiß. Es war viele Jahrhunderte lang das beliebteste und meistgenutzte Pigment, das allerdings, wie alle Bleiverbindungen, sehr giftig ist. In den USA, die eine mächtige Bleilobby hatten, die auch die Verwendung von Bleiverbindungen in Benzin befürwortete, wurde Bleiweiß erst 1978 verboten – daher finden sich an den Wänden der meisten Häuser, die dort in den 1960er-Jahren oder vorher erbaut wurden, auch heute noch Bleireste. Davon betroffen sind buchstäblich etliche Millionen Häuser. Vor allem Fenster und Türen sind problematisch, weil aufgrund der häufigen Nutzung dort Farbanstriche rasch abbröckeln. So gelangen sie in den Hausstaub und von dort allzu leicht in die Hände und dann in die Bäuchlein kleiner Kinder. Blei führt zu Nervenschäden, was Kleinkinder besonders betrifft, da sich ihr Nervensystem noch in der Entwicklung befindet.

In Deutschland – dem damaligen Deutschen Reich – wurde die Verwendung von Bleifarben schon 1921 verboten, doch in Altbauten ist es natürlich auch hierzulande noch präsent, entsprechend sollte man Kindern, die in gemütlichen Altbauten aufwachsen und dort sehr gern Staubreste aus den Bodenritzen hervorziehen, vorschlagen, ihre an sich begrüßenswerte Staubforschung lieber mit anderem Staub fortzusetzen, und ihnen sogleich die Hände waschen.

Auch für Allergiker ist die Wollmaus problematisch, weil sich in ihr Allergene ansammeln wie der Kot von Hausstaubmilben oder Pollen. Entsprechend müssen Allergiker auch häufiger Staub saugen und Staub wischen, unter Umständen mit einer FFP-2-Maske, um keine Probleme durch den beim Saugen und Putzen aufgewirbelten Staub zu bekommen.

Ansonsten aber kann man festhalten, dass die Wollmaus für fitte Erwachsene sicher nicht das Gesundheitsproblem Nummer eins ist.

Man bekommt kein Corona, weil man zu wenig staubsaugt, denn die Wollmaus liegt ja unten, man atmet sie nicht ein, der Staub auf dem Boden ist eigentlich bereits besiegt.

Und doch ist die Wollmaus ein überaus interessantes Phänomen, wir fragen uns bei jedem Hausputz: Woher kommt sie bloß? Scheinbar aus dem Nichts; allerdings zeigt die Beobachtung, dass Wollmäuse in Wahrheit vor allem dort entstehen, wo viele Textilien verwendet und auch kräftig bewegt werden, was besonders in Kinder-Schlafzimmern der Fall ist. Wollmäuse sind sozusagen der lebende Beweis dafür, dass Staub durch Staub angezogen wird und dass der Staub ein recht geselliges Wesen ist. Denn Staubpartikel bleiben nie lange isoliert, meist heften sie sich aneinander und bilden lockere Grüppchen, die dann aber natürlich nicht mehr ganz so beweglich sind.

Damit sich Wollmäuse bilden können, muss aus der Luft immer weiter Nachschub an Fasern und anderem Staub herabrieseln, zugleich muss eine stete Bewegung der Luft dafür sorgen, dass sich aus kleinsten Wollmaus-Embryos am Ende ausgewachsene Exemplare bilden. Doch natürlich nur dort, wo die Wollmaus ihren Feinden, dem Besen und dem Staubsauger, insgesamt dem staubjagenden, wenn auch zugleich staubproduzierenden Menschen entkommen kann. Deshalb finden wir die Wollmäuse vor allem in dunklen Ecken und Winkeln – denn dort gelingt es ihr schlicht und einfach, zu überleben.

Begeben wir uns also auf die Wildbahn der Wollmaus, stöbern wir sie in ihren Lebensräumen auf, betrachten wir die toten Winkel und heimlichen Verstecke, in denen sie sich mästet!

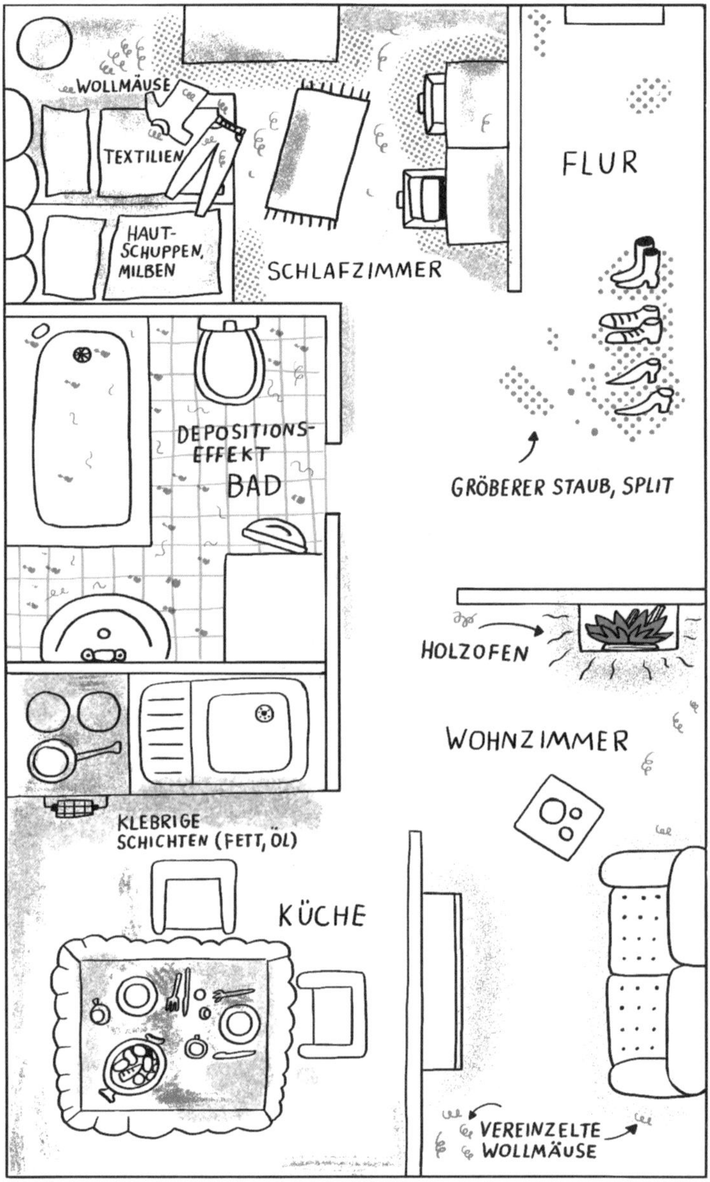
WOLLMÄUSE
TEXTILIEN
HAUT-SCHUPPEN, MILBEN
SCHLAFZIMMER
FLUR
DEPOSITIONS-EFFEKT
BAD
GRÖBERER STAUB, SPLIT
HOLZOFEN
WOHNZIMMER
KLEBRIGE SCHICHTEN (FETT, ÖL)
KÜCHE
VEREINZELTE WOLLMÄUSE

Geht man in einer normalen Wohnung zur Tür hinein, betritt man meist einen Flur oder eine Diele, und hier sammelt sich das, was man den gröberen Staub nennt. Wer es nicht sieht, der hört es beim Staubsaugen: Kleine Partikel und im Winter zum Beispiel Salz oder Splitt klickern dann in der Staubsaugerröhre. Geht man von hier ins Wohnzimmer, dann betritt man zwar einen Raum, in dem sich Wollmäuse finden werden, doch deutlich weniger, als man meint, weil das Wohnzimmer als »gute Stube« zwar mit Textilien ausgekleidet ist, aber oft gar nicht so häufig genutzt wird. Wo aber wenig Bewegung, wenig Reibung, wenig Nutzung ist, da lösen sich vergleichsweise wenige Fasern ab; den Wollmäusen des Wohnzimmers fehlt es daher oft an Nahrung und sie sind recht mager. Dafür sind die Wohnzimmer manchmal echte Hotspots für den Feinstaub, denn hier kann ein Holzofen stehen oder dicke und flackernde Kerzen, bisweilen wird geraucht, was natürlich für eine drastische Feinstaubbelastung sorgt, oder es werden »zur Luftläuterung« Räucherstäbchen abgebrannt, natürlich rein biologisch-dynamisch. Der dabei entstehende Staub sieht bläulich aus, und das zeigt, dass er so winzig ist, dass er lange schwebt und sich überall gleichmäßig ablagert, an der Decke, an den Wänden und natürlich auch in den Atemwegen der Bewohnerinnen und Bewohner.

Proper und feist gedeihen die Wollmäuse im Schlafzimmer, denn hier ist alles beisammen, was die Wollmaus liebt: reichlich Textilien, einerseits Ruhe, andererseits viel Bewegung und unter dem Bett ein sanftes Hin und Her der Luftströmungen, das sich aus dem sogenannten Puff-Effekt der Matratze ergibt, denn indem sich die Schlafenden oder Schlaflosen hin und her wälzen, schwappt die Luft unter ihren Betten ebenfalls hin und her und rollt dabei die Wollmäuse zu ansehnlich verfilzten

Gebilden zusammen. Schließlich ist das Schlafzimmer auch der Ort der schweren, unpraktischen Kommoden und Schränke, unter denen die Wollmaus ebenfalls wunderbare Lebensbedingungen vorfindet, weil diese Kommoden und Schränke oft so konstruiert sind, dass normale Staubsaugeraufsätze nicht darunter passen. Nicht zuletzt dürfte es auch das Schlafzimmer sein, in dem die Menschen die meisten Haare verlieren, weil die Schläferinnen und Schläfer ihr Haupt an den Kissen reiben. Das Schlafzimmer ist auch das klassische Milbenhauptquartier in der Wohnung, diese kleinen Tiere leben von ebenjenen menschlichen Hautschuppen und schlagen ihre Hauptquartiere gern in den Kopfkissen auf, auch in den Matratzen leben sie in erschreckend großer Zahl.

Das Badezimmer bietet einen ganz anderen Anblick, denn auf den meist gekachelten oder gefliesten Böden sieht man jede Faser. Hier rottet sich der Staub nicht zu Wollmäusen zusammen, sondern bleibt als einzelne Faser, die auf ihrer Unterlage erstaunlich fest haftet, sichtbar. Die Ursache ist ein Effekt, den es auch in der Natur gibt, der sogenannte Depositionseffekt. Um die einzelnen Fasern kondensiert nämlich der Wasserdampf, und das führt dazu, dass im Badezimmer die Fasern und auch die übrigen Partikel rascher zu Boden sinken. Dort hält sie das Wasser, die Feuchtigkeit an ihrem Ort fest, sodass sich keine Wollmäuse bilden können. Die findet man im Badezimmer allenfalls hinter der Waschmaschine.

Andererseits ist der Staub im Badezimmer doch wieder typischer Staub, weil er die unbezwingbare Hartnäckigkeit dieser Materie deutlicher zeigt, als sie in irgendeinem anderen Zimmer sichtbar wird.

Es handelt sich um das sogenannte Kehrblechparadox, von dem mir der deutsche Dokumentarfilmer Hartmut Bitomsky er-

zählte, als er im Zusammenhang mit seinem Kinofilm *Staub*, der 2007 bei den Filmfestspielen in Venedig Premiere feierte, bei uns an der Universität Augsburg drehte. Bitomsky sagte mir: »Es bleibt immer etwas übrig, und das sieht man am Staub.« Für ihn war das nicht zum Verzweifeln, er behauptete vielmehr: »Wir können eben nicht alles instrumentalisieren.« Als ich sein Kehrblechparadox als genial pries, wehrte er ab: das stamme nicht von ihm, sondern von dem französischen Schriftsteller Raymond Queneau, er werde mir die Stelle schicken. Was er allerdings nie tat; und ich habe buchstäblich Jahre gesucht, mich durch das Werk von Raymond Queneau hindurchgelesen, bis ich die Stelle schließlich weit hinten in dem Roman *Die Kinder des alten Limon* fand, einem Roman, der von verschiedenen gelehrten Irren handelt, die sich mit diversen unlösbaren Problemen wie der Quadratur des Kreises, der genauen Feststellung der Zahl π oder dem »perpetuum mobile« befassten. Zu diesen unlösbaren Problemen passt der Staub ausgesprochen gut, denn auch er kann einen unendlich lange beschäftigen, und so wird auf vier Seiten der Vorgang des Auskehrens einer Abstellkammer beschrieben, ein absoluter Höhepunkt der Staubliteratur, eine Passage, die jeden wahren Staubforscher in Begeisterung versetzen wird. Nach vollbrachtem Werk stellt der Kehrende fest, dass alles zur Zufriedenheit erledigt ist – fast alles: »die einzige [Schwierigkeit] war der kleine Staubrand, der sich nie mit dem Besen auf die Schaufel bringen läßt. Es gelingt einem nur, ihn zu verdünnen, ohne ihn je ganz zum Verschwinden zu bringen.«[1]

Nirgendwo lässt sich das Kehrblechparadox so gut beobachten wie auf den weißen Böden in einem Badezimmer. Denn immer bleibt ein gut sichtbarer Staubstreifen, dem man beizukommen versucht, indem man von anderer Seite erneut die Fasern zusammenwischt, doch auch dies gelingt nicht vollständig, man versucht es erneut – bis man endlich entnervt aufgibt, den Rest schlicht und ergreifend mit dem Lappen breit verteilt und erklärt, dass nun »alles sauber« sei.

Wiederum anders ist der Staub in der Küche. Der bildet nämlich in der Höhe klebrige und zähe, ölig verharzte Schichten. Grund dafür sind das Fett und das Öl, die in der heißen Pfanne brutzeln und so in die Luft geraten, sich dann, verbunden mit allen möglichen Staubpartikeln, auf den Möbeln absetzen, wo man sie nur mit bestimmten Lösungsmitteln wieder herunterbekommt.

WOHER KOMMT DER GANZE STAUB?

Dem Staub entkommen wir nicht, weil wir uns selbst nicht entkommen können. Solange wir gehen, stehen und werkeln, stauben wir. Das sieht man ausgerechnet dann am besten, wenn die Menschen sich gekämmt und »herausgeputzt« haben und damit die Bühne für den Staub bereiten: Besonders gut setzt er sich nämlich in Form von weißen Haarschuppen auf

1 Raymond Queneau: Die Kinder des alten Limon. Frankfurt am Main: Zweitausendeins 1988, S. 239 f.

einem dunklen, glatten Sakko oder einem schwarzen Abendkleid in Szene.

Doch auch Menschen, die glauben, sie hätten keine Probleme mit jenem weißen Rieseln, emittieren Partikel. Dies hat man bei Messungen in sogenannten Reinräumen herausgefunden; das sind Räume, die so staubfrei wie nur irgend möglich sein müssen, weil darin Experimente durchgeführt werden oder mikroelektronische Geräte oder Pharmazeutika hergestellt werden. Selbst wenn die Menschen, wie es in jenen Räumen üblich ist, in Ganzkörper-Anzügen, Atemmasken und Handschuhen verpackt werden und ruhig dasitzen, emittieren sie rund 10 000 Staubpartikel pro Minute. Wenn sie dann noch anfangen, sich zu bewegen, erhöht sich diese Rate rasch auf mehrere Millionen Partikel pro Minute. Noch viel mehr sind es natürlich, wo sich Menschen ohne irgendwelche Schutzvorrichtungen bewegen. Daraus ergibt sich von selbst, dass man nicht einmal im Weltraum Ruhe vor dem Staub hat; und tatsächlich: Auch auf der ISS wird staubgesaugt.

Von den Menschen und den Dingen, mit denen sie hantieren, stammt also der größte Teil des Staubes. Ein weiterer kommt zum Fenster herein, als Pollen, als Feinstaubpartikel aus dem Autoverkehr oder auch, je nach Wetterlage, als feiner mineralischer Staub aus der Sahara, der unter Umständen eine weite Reise hinter sich hat.

Drinnen Staub, draußen Staub – was soll man tun?! Manche ziehen den radikalen Schluss, am besten so wenig wie möglich zu lüften; das ist allerdings falsch. Denn zum einen ist draußen in der Regel nur halb so viel Staub wie drinnen. Und zum anderen geht es auch darum, Wasserdampf, der durch den menschlichen Stoffwechsel entsteht, und Kohlendioxid, das wir ebenfalls ausatmen, sowie weitere ungute Gase hinauszubefördern.

Es empfiehlt sich natürlich, wenn man an einer viel befahrenen Straße wohnt, vor allem dann zu lüften, wenn der Verkehr noch gering ist, etwa früh am Morgen. Auch für Allergiker ist das frühmorgendliche Lüften empfehlenswert, weil dann die Pollenkonzentration in der Luft gering ist, jedenfalls in der Stadt (auf dem Land ist der Abend eine bessere Zeit). Zusätzlich helfen Pollengitter vor den Fenstern, die einen beträchtlichen Teil der Pollen zurückhalten können.

DIE EVOLUTION DER WOLLMAUS: GANG DURCH EIN IMAGINÄRES MUSEUM

Es gibt kaum etwas, das nicht gesammelt und ausgestellt wird, angefangen bei Briefmarken über Ritterrüstungen bis hin zu Kutschen, Autos und ganzen Schiffen. Was nach wie vor fehlt, ist eine systematische Wollmaussammlung.

Zwar gibt es einzelne lobenswerte Initiativen, die in diese Richtung gehen; zum Beispiel hat der Kölner Künstler Wolfgang Stöcker das Deutsche Staubarchiv gegründet, das bereits 600 Staubproben enthält. Auch die Künstlerinnengruppe Mop Art, die allerdings meines Wissens inzwischen in alle Winde zerstoben ist, widmete sich dem Sammeln von Staub. Einen Prototyp des Werkes *Staubsammler* von Mop Art besitze ich, es ist eine Art Trichter, der in einen leeren Acrylglaswürfel führt, welcher seinerseits, so das Versprechen von Mop Art, in etwa 10 000 Jahren mit Staub gefüllt sein wird und in dem sich tatsächlich in den gut 20 Jahren, die das Gerät in meinem Regal vor sich hin sammelt, bereits einiger Staub angehäuft hat, zudem ist eine Mücke hineingeraten.

Doch das sind nur Anfänge!

Nichts hindert uns aber, uns ein imaginäres *Museum der Wollmaus* vorzustellen, das möglicherweise ein spleeniger, schwerreicher Staubsaugerunternehmer angelegt hat, der seine Sammlung über Jahrzehnte hinweg im Stillen hat anwachsen lassen, um sie dann in einem spektakulären Museumsneubau der nichts ahnenden Allgemeinheit zu präsentieren. Die Pressemitteilung zum Anlass der Eröffnung spräche von der »ältesten je gefundenen Wollmaus«, von der »größten Wollmaus der Welt«, von »Wollmäusen aller Länder und aller Epochen«, von der »Wollmaus Karls des Großen«, einer »Wollmaus von der ISS«, aber zugleich auch von der »Wollmaus der Zukunft«. Ein solches Museum müsste um Besucherinnen und Besucher nicht bangen, es wäre Pflichtprogramm für all jene Berufsgruppen, die vom Staub leben, also etwa die Beschäftigten aller Staubsaugerfirmen, Luftfilteranlagenhersteller, Reinraumbetreiber; und auch die Kriminaltechnikerinnen und -techniker aller Länder kämen gern vorbei, ganz zu schweigen von den Umweltwissenschaftlerinnen und Umweltwissenschaftlern. Die globale Biodiversität aller Wollmäuse käme endlich einmal in all ihrer Pracht zur Geltung, denn es gäbe da nicht nur kleine graue Wollmäuse, sondern auch rote und knallbunte, goldbestäubte und kostbare ebenso wie hochgradig toxische.

Was könnte uns eine systematische Sammlung aller je entstandenen Wollmäuse nicht alles lehren! Ihr Informationsgehalt und ihr kultureller Wert wären unschätzbar. Denn nur scheinbar sind alle Wollmäuse grau. In Wahrheit, wenn man genauer hinsieht, sind sie bunt und höchst ungleich! Und sie unterliegen sogar einer kulturellen Evolution, die von der Rentierhaar-Wollmaus der Neandertaler zur globalisierten und vollsynthetischen Wollmaus des Anthropozäns führt, die eigentlich gar nicht Wollmaus, sondern Polyestermaus heißen müsste. Die moderne Wollmaus ist das vorläufige Endglied einer langen Wollmausevolution, die bislang noch nirgends ausführlich dargestellt wurde.

Schließen wir also die Augen – und blicken wir mit geschlossenen Lidern in Richtung Himmel. Schon sehen wir die Schatten jener kleinen Staubteilchen, die in unseren Augäpfeln, für alle Zeit sicher vor jeder Verfolgung, ihr Unwesen treiben. Langsam wandern sie durchs Sehfeld und setzen sich gemütlich wieder ab. Und eingelullt vom sanft schwebenden Auf und Ab der Staubteilchen träumen wir uns ins große, neu eröffnete Museum der Wollmaus. Gleich im ersten Saal schimmert im Halbdunkel, ganz in der Mitte, präsentiert wie kostbarer Schmuck, eines der Prachtstücke der Sammlung, die Urwollmaus.

Wir treten näher: Dick, rot und schwarz, mit Knochensplittern und Holzkohle, lungert das Teil herum, offenbar nicht erfreut, dass es in seinem gemütlichen jahrtausendealten Aufenthaltsort in einer südwestdeutschen Kalksteinhöhle aufgestöbert und ins Licht gezerrt wurde. Die Wollmaus hatte sich, in einem Felshohlraum, den ein Gesteinssturz luftdicht versiegelte, sicher fühlen können, bis sie ein Team von Höhlenforschern zufällig entdeckte …

DIE URWOLLMAUS

Als diese Wollmaus jung war, zogen Gletscher weit über die Alpen. Es war sehr kalt, aber andererseits auch sonnig, auf den weiten Ebenen grasten große Tierherden, denen die Neandertaler nachstellten.

URWOLLMAUS

In Höhlen suchten sie Schutz, lebten hier oft längere Zeit, bereiteten ihre Mahlzeiten zu, wärmten sich am Feuer. In den Winkeln, oft nahe an den Schlafstellen, bildeten sich, von den Menschen vermutlich wenig beachtet, notgedrungen auch Wollmäuse, die überwiegend aus Tierhaaren bestanden, aus den gut wärmenden Haaren der Rentiere, deren Felle die Neandertaler bevorzugt verwendeten, aber auch von anderen, von Schneehasen, Höhlenbären, von Wildpferden, die allesamt zur Jagdbeute gehörten. Auch die eigenen, meist schwarzen, manchmal roten, ziemlich zottigen und recht dicken Haare der Neandertaler waren Bestandteil ihrer Wollmäuse.

Das Auffallendste an dieser Urwollmaus ist ihr rötlicher Farbton. Der Grund ist, dass schon die Neandertaler nicht nur Staub aufgewirbelt haben, sondern auch eine bestimmte Staubsorte verwendeten, und zwar den Ocker. Das ist ein feinkrümeliges Pigment, das meist gelb ist, aber, wenn es im Feuer erhitzt wird, leuchtend rot wird und bisweilen sogar einen violetten Farbton annimmt. Ocker ist eine Eisenverbindung und wurde zur Behandlung von Fellen, aber auch als Insektenschutzmittel, als rituelles Material bei Beerdigungen und vermutlich auch als Make-up verwendet. Die Menschen rieben sich den feinen roten

Staub auf die Haut und in die Haare. Zudem nutzten sie Ocker für Höhlenmalereien. Auch Asche und Kohlebröckchen finden sich in der Ur-Wollmaus und damit jener Bestandteil, der den Staub der Menschenwohnungen von den frühesten Zeiten bis zum heutigen Tag von Staub in Tierwohnungen, etwa in von Bären bewohnten Höhlen, unterscheidet.

Denn kein Tier nutzt Feuer! Die Menschen aber nutzen es seit etwa einer Million Jahren, seit rund 100 000 Jahren können sie es auch aktiv selbst entfachen, und die Menschheitsgeschichte war und ist weitgehend eine Feuergeschichte. Seine Spuren, die Reste seiner Brennstoffe und natürlich seine Exkremente, seine Asche, sein Ruß, sein Qualm prägen bis heute die Behausungen des Menschen.

DIE BIEDERMEIER-WOLLMAUS

Wir lösen uns von der Urwollmaus und gehen, quer durch einen anschließenden riesigen Raum mit farbenfrohen Wollmäusen von allen Kontinenten, in den nächsten großen Saal, in dessen Mitte in einer frei stehenden Vitrine eine Biedermeier-Wollmaus liegt.

Biedermeier, so wird in Deutschland die Zeit zwischen 1812 und 1848 bezeichnet. Mammuts sind im Biedermeier schon lange ausgestorben; Rentiere und Schneehasen sind in Deutschland auch nicht mehr unterwegs, aber nun finden wir endlich die Faser, von der die Wollmaus ihren Namen hat! Denn in der Biedermeier-Wollmaus steckt wirklich recht viel Wolle vom friedlichen Wollschaf, das damals in Deutschland noch in großen Herden unterwegs war.

Doch Wollfasern, die der Wollmaus ihren Namen gaben, waren nur ein Teil der Biedermeier-Wollmaus. Die andere, oft größere Hälfte bestand aus Pflanzenfasern. Decken, Tücher und auch sehr viele Kleidungsstücke fertigte man aus Leinen, auch Flachs genannt. Leinen wird aus den Stängeln einer sehr schönen blau blühenden Pflanzenart gewonnen, seit sehr langer Zeit ist es in Gebrauch. Man hat in den Jahren 2007 und 2008 in einer Höhle in Georgien Flachsfasern, und zwar 488 einzelne, gefunden, deren Alter auf über 30 000 Jahre datiert wurde.

Leinen wurde noch bis in das 19. Jahrhundert in vielen ländlichen Gegenden aus Flachs gewonnen, im Haus am Spinnrad zu Fäden versponnen und dann verwebt. Zwar gab es damals auch schon Industriebetriebe, in denen gesponnen wurde, aber das Flachsspinnen war nach wie vor verbreitet. Frauen saßen besonders in den Abendstunden am Kamin und spannen am Spinnrad. Einer, der es selbst gesehen hat, bezeugt das: Der schleswig-holsteinische Biologe und Pädagoge Friedrich Junge schreibt in seinem 1891 erschienenen Werk über *Die Kulturwesen der deutschen Heimat*, dass in seiner Jugend die Bäuerinnen noch ganze Koffer selbst gemachter Textilien besessen hätten. Denn auf dem Land wurde für jedes Mädchen jährlich ein großer Eimer Leinsamen ausgesät, dessen Ertrag es ernten und verarbeiten durfte bzw. musste. Die blühenden Pflanzen wurden geschnitten, anschließend ließ man sie in Bündeln auf dem Feld stehen und trennte später die feinen Fasern von den Stängeln. Aus den blond wirkenden, sehr festen Fasern wurden dann Fäden gesponnen, die zu Tüchern gewebt wurden. Das Hausmacherleinen, das so entstand, war schwer und sehr stabil. Unter dem Mikroskop erkennt man die Fasern gut, sie erinnern ein wenig an Grashalme und haben kleine Knötchen. Ganz anders sehen unter dem Mikroskop die Baumwollfasern aus, die in modernen Wollmäusen allgegenwärtig sind, jedoch in der Biedermeier-Wollmaus nur in wenigen Spuren vorkommen. Sie ähneln sehr, sehr lang gestreckten, oft spiralig verdrehten, vertrockneten Blättchen und haben sich wohl auch aus Blättern entwickelt. Tatsächlich handelt es sich bei diesen Baumwollfasern um eine Art Flughaar, ganz feine längliche Haare, wie man sie auch von Pusteblumen oder Pappelsamen kennt, die an den Baumwollsamen hängen, damit sie vom Wind leichter hinweggetragen werden können. Baumwolle ergibt deshalb auch sehr leichte Gewebe, die Textilien, die aus Flachs hergestellt werden, sind dagegen schwerer, aber auch robuster, weil die Flachsfaser der Pflanze nicht als Flughilfsmittel dient, sondern am Stängel für Stabilität sorgt. Baumwolle wurde aber billig importiert, ließ sich in den aufkommenden Textilfabriken maschinell verarbeiten, färben und bedrucken und wurde rasch populär. Die Fabriktextilien waren zwar nicht so haltbar wie die selbst gemachten Leinentextilien, aber dafür modisch und billig, und sie ersparten den jungen Mädchen das abendliche Spinnen. Baumwollfasern, zunächst nur eine Randerscheinung in den europäischen Wollmäusen, verdrängten im 19. Jahrhundert den Flachs und die Wolle als Hauptbestandteil der Wollmäuse. Sie waren dann für über einhundert Jahre wohl weltweit in den Wollmäusen dominant, ehe sie langsam ihrerseits verdrängt wurden.

DIE POLYESTERMAUS DER MODERNE

Nach der Biedermeier-Wollmaus werfen wir nun noch einen Blick in die Säle, die der Moderne gewidmet sind. Hier lagern Wollmäuse aller Formen und Farben, toxische Wollmäuse und harmlose; der durchschnittlichen modernen Wollmaus ist ein eigener Raum gewidmet.

Betrachtet man sie genauer, stellt sich heraus, dass sie nicht nur globalisiert ist, weil sie Fasern enthält, die nicht aus der Nähe, sondern von entfernten Orten stammen, dass sie nicht nur chemisiert ist, weil sie viele künstliche Farbpigmente enthält, sondern auch weitgehend synthetisch. Es sind Kunstfasern, die heute einen großen Anteil unserer Wollmäuse ausmachen. Zwar wird immer noch Baumwolle in großem Stil angebaut und verarbeitet, ungefähr 2,5 Prozent der weltweiten Anbaufläche ist Baumwollpflanzen vorbehalten, und etwa 10 Prozent der weltweiten Pestizidproduktion landet auf Baumwollfeldern. Dennoch sind diejenigen Faserstoffe, die auf der Grundlage von Erdöl hergestellt werden, heute dominant, und sie verdrängen die natürlichen Faserstoffe mehr und mehr. In den letzten Jahrzehnten ist der Anteil von Kunstfasern, von Mikroplastik also, wenn man so will, in den Wollmäusen fast aller mitteleuropäischen Wohnungen dramatisch angestiegen. Wollmäuse bestehen nur noch zu einem geringen Teil aus Wolle oder Baumwolle, eher müssten sie heute wie gesagt Polyestermäuse heißen, denn Polyester ist die für Textilien am häufigsten genutzte Faser, auch Perlonfasern sind vertreten und verschiedene Kunstgummi-Varianten. Alle diese Materialien werden verwendet, damit die Textilien zum Beispiel besser in Form bleiben, pflegeleichter sind, elastisch und so weiter. Weil diese Bestandteile nicht nur in der Wollmaus, sondern auch im umherfliegenden Staub der Wohnungen unterwegs sind, atmen wir sie ein; tatsächlich ist die Luft in den Wohnungen der häufigste Weg, auf dem Mikroplastik in unseren Körper eindringt. Über mögliche gesundheitliche Auswirkungen weiß man nur sehr wenig. Diese Kunstfaserbestandteile bringen es übrigens mit sich, dass die Wollmäuse der Gegenwart kaum noch verrotten. Darin unterscheiden sie sich von Wollmäusen, die tatsächlich aus Wolle oder wenigstens aus Baumwolle bestehen.

SHODDY, DIE RIESENWOLLMAUS

Wenn wir nun unseren Gang durchs imaginäre Wollmaus-Museum beenden, dann werfen wir am Ausgang noch einen Blick auf einen teilweise grauen, teilweise grünen, teilweise bunten Hügel, der dort aufgeschichtet und mit Moosen und anderen Pflanzen bedeckt ist: die Riesenwollmaus namens Shoddy; ein Ökosystem der besonderen Art. Es ist ein Hügel, den man original aus Leeds in England importiert hat, wo er an einem Feldrand vor sich hin vegetierte, kaum beachtet. Shoddy die Riesenwollmaus besteht aus den Abfällen der Wollproduktion, die, fein zerrissen, den sogenannten Devil's Dust, den Teufelsstaub, bilden. Man fand für dieses Abfallprodukt keine anderen Lösungen als die, ihn als Dünger auf den Feldern auszubringen. Doch Shoddy entging diesem Schicksal, gelangte an die Spree, und bald sprossen erste Pflanzen auf ihm – alte Samen, die sich noch in seinen Fasern verborgen hatten, die sich einst in der Wolle der Schafe verheddert hatten, aber auch angeflogene Samen, die den wolligen, nährstoffreichen Untergrund zu schätzen wissen. Shoddy die Riesenwollmaus zeigt, dass Staub durchaus zum Biotop werden kann, wenn er ausreichend bewässert wird.

Viele Pflanzen mögen Staub. Diese Tatsache ist einer der Gründe, weshalb der Staub in der Stadt irgendwann verschwindet. Er wird zum Teil aufgekehrt, zum Teil fortgespült, zum Teil

wird er aber auch verwertet von Pflanzen, die nicht nur rein passive Staubfänger, sondern geradezu Staubliebhaber sind, die Grobstaub und den Feinstaub aktiv verwerten und sich von ihm nähren. Hier sind in allererster Linie die Moose zu nennen. Sie wirken unscheinbar und schwach, bilden auch keine Wurzeln, keine starken Halme oder gar Holz und haben keine auffallenden Blüten. Und doch sind sie ziemlich erfolgreich; seit ungefähr 45 Millionen Jahren gibt es bereits die heute bekannten Moosgattungen. Sie ernähren sich von Luft, brauchen nur eine Unterlage, keinen richtigen Boden, ihren Lebensunterhalt fangen sie ein, und er besteht zu einem guten Teil aus Feinstaub, den die Moose festhalten. Teilweise verwerten sie ihn und nutzen ihn für ihr Wachstum, teilweise sinkt der Feinstaub ab und stabilisiert das Moospolster. Dass es wirklich so ist, zeigt sich, wenn man ein Moospolster in der Stadt umdreht – darunter finden sich zum Beispiel Sandkörner, kleine Plastikstückchen und oft auch Haare und Fasern. Über die Moose und andere Pflanzen wird so aus dem Staub schließlich Boden, vielleicht nicht der allerbeste Boden, weil die Stadtluft viele unerfreuliche Substanzen enthält, aber immerhin Boden. Der Staub, der in der Wohnung immer wieder aktiv entfernt werden muss, kann in der Stadt wieder Natur werden.

DIE STADTLUFT

Wollmaus und Feinstaub hängen mit den elementaren Eigenschaften des Menschen zusammen. Sie verweisen auf das, was den Menschen ausmacht, was ihn von den Tieren unterscheidet, und sind daher auch philosophisch interessant. Denn die Wollmaus gibt es, weil Menschen Textilien herstellen, sich bekleiden und sich mit Textilien umgeben, den Feinstaub in der Stadt gibt es, weil Menschen Feuer machen, und in der modernen Gesellschaft mehr denn je, wenn auch meist verdeckt.

Feuer ist auch heute, inmitten der modernen Welt, immer noch das wichtigste Mittel der Menschen, ihre Umwelt zu verändern und ihre technischen Umwelten am Laufen zu halten, daran hat sich seit den Zeiten des Neandertalers nichts geändert, auch wenn wir gelernt haben, unseren Feuern einige Manieren beizubringen, sodass sie nicht mehr so barbarisch rußen und stinken, wie das einst der Fall war. Aber Kohlendioxid und Feinstaub erzeugen sie immer noch. Feinstaub legt sich irgendwann, er wird nur selten global verfrachtet. Doch das Kohlendioxid mischt sich rasch unter die globale Atmosphäre, wenn es auch am Ort seines Ursprungs, in den Industriegebieten und den großen Städten, besonders hoch konzentriert ist. An seiner immer weiter ansteigenden Konzentration können wir eindeutig ablesen, dass nicht etwa weniger, sondern immer mehr verbrannt wird, denn Kohlendioxid entsteht fast ausschließlich bei Verbrennungsprozessen, es ist die Asche aller Feuer. Auch im Jahre

2018 kamen über 90 Prozent der weltweit erzeugten Energie aus Verbrennungsprozessen.

Natürlich haben wir die Feuer aus unseren Wohnungen verbannt; jedenfalls in Mitteleuropa, da ihr Qualm die Augen beißt und zu allen möglichen Erkrankungen führt, ganz abgesehen von den Gefahren, die mit jedem offenen Feuer einhergehen. Die Feuer brennen bei uns meist gut verschlossen im Keller, im Heizkraftwerk, in den Motoren. Ihr Qualm ist zwar nicht ganz so stinkig wie zu Zeiten der Neandertaler, deren Höhlen vom Geruch der brennenden Tierknochen – die waren oftmals ihr wichtigster Brennstoff – ungeheuer gestunken haben müssen. Und doch haben auch unsere vornehmeren Feuer, die mit Öl, Benzin oder Erdgas betrieben werden, ihre Exkremente, eben Feinstaub und Kohlendioxid. Besonders im Winter spürt man das. Dann mischt sich der Qualm aus den Kaminen, den Motoren, den Schornsteinen der Industrie und schafft je nach Wetterlage eine mehr oder weniger toxische Mischung.

Während der Corona-Pandemie wurde auch der Feinstaub in der Stadtluft auffälliger: Er nahm nämlich ab. Zunächst, weil im ersten Lockdown weniger Menschen im Auto unterwegs waren, weniger Maschinen liefen. Das hatte vielerorts interessante Auswirkungen.

So konnten die Menschen in der Stadt Jalandhar in Nordindien, die etwa zweihundert Kilometer vom Himalaja entfernt liegt, im April 2020 erstmals in ihrem Leben die schneebedeckten Gipfel des Himalaja sehen, der bekanntlich ein nicht eben kleines Gebirge ist und auch nicht weit entfernt von dieser Stadt liegt.

UNTER DER DUNSTHAUBE

Man hat Städte oft mit Steinwüsten verglichen, und oberflächlich betrachtet scheint dieser Vergleich auch zutreffend zu sein. Denn wohin man guckt, überall Mauern, die Erde ist versiegelt, gepflastert oder geteert. Viele Tierarten, die ursprünglich im Gebirge oder an Klippen gelebt haben, leben nun in der Stadt, so stammt etwa die Gemeine Straßentaube von der Felsentaube ab, die im Mittelmeergebiet auch heute noch an Steilküsten brütet. Schließlich leben in Städten auch die Mauersegler, die ebenfalls ursprünglich an das Leben an Felswänden angepasst waren.

Auch die Pflanzenwelt in den Städten erinnert oft an die Flora, die man zwischen Felsen findet. Jedenfalls findet man in der Pflasterritzenflora regelmäßig Pflanzenarten, die ausgesprochen hitze- und trockenheitsresistent sind, was sich auch empfiehlt, denn so ein Pflasterstein kann an einem heißen Sommertag durchaus schon einmal 50 Grad Celsius und mehr heiß sein.

Und doch hinkt der Vergleich zwischen Stadt und Steinwüste. Denn zwar heizt sich die Stadt tagsüber, ganz ähnlich wie die Steinwüste, stark auf; doch in der Nacht zeigt sich ein anderes Bild. Da pflegt die Hitze nämlich in der Stadt zu verharren, und das ist ein Phänomen, das man aus den Wüsten gerade nicht kennt, dort ist es in der Nacht eiskalt, weil die Hitze durch die dunstlose Luft sofort in Richtung Weltall entweicht.

In Steinwüsten pflegt man außerdem einen wunderbaren Blick auf den Sternenhimmel zu haben, weil die Luft dort überaus klar ist. Auch das ist in den Städten ganz anders. Denn in ihnen kann man nachts nur sehr wenige Sterne sehen; wer sich für Astronomie interessiert, muss die dicht bevölkerten Orte verlassen.

Daher hat der Begründer der Stadtklimatologie, der Benediktinermönch Albert Kratzer, der in der stillen Abtei Ettal in Südbayern wirkte, die heute noch besteht, in seiner Doktorarbeit einen völlig neuen, verblüffenden Vergleich vorgeschlagen: »Ungeheure Mengen an Gasen, flüssigen und festen Stoffen werden Tag für Tag von der Großstadt, ihrer Industrie, dem Herdfeuer und dem Verkehr in den Luftraum befördert. Es ist nicht zu gewagt, sie mit einem Vulkan zu vergleichen, aus dem ständig Wolken von Gasen, Staub und Asche aufsteigen. Wer öfters aus der Vorstadt in die Stadtmitte fahren muß, dem wird es nicht entgehen, welch ein Unterschied zwischen dem Klima in der Stadt und auf dem Lande besteht. (...) Je größer die Stadt, desto dichter und dicker, um so widerstandsfähiger ist ihre Dunsthaube.«

Städte als Vulkane? Das klingt vielleicht zunächst einmal befremdlich, weil man ja in Städten eher nicht erwartet, dass plötzlich die Erde aufreißt und Lava austritt. Doch überall raucht es, eine Industriestadt wie etwa Gelsenkirchen im Ruhrgebiet trug den Beinamen »Stadt der tausend Feuer« – und das war damals schon deutlich untertrieben. Nicht allzu weit von Gelsenkirchen entfernt, in Köln am Rhein, steht der Kölner Dom, den bereits der Dichter Heinrich Heine, ein Düsseldorfer, »verteufelt schwarz« fand. Fragt man ausländische Touristen, dann haben sie ihre eigenen Theorien, weshalb der Dom wohl so schwarz ist. Manche glauben, es gebe religiöse Gründe. Andere mutmaßen, er sei aus schwarzem Gestein, etwa Basalt, doch tatsächlich besteht er aus hellem Sandstein, und noch bei der Einweihung 1880 war die Vorderseite des Domes strahlend hell, wie Gemälde und auch Fotos zeigen. Andere glauben, er habe einmal gebrannt, und damit sind sie nicht so weit von der Wahrheit entfernt. Zwar brannte der Dom nie, aber unter ihm brannte es, tagaus tagein, denn in den Bahnhof am Fuße des Kölner Doms fuhren nicht immer schneeweiße strombetriebene ICEs, sondern bis weit in die 1960er-Jahre qualmende Dampfloks, die ungeheure Mengen Kohle verfeuerten. Diese Loks sind verschwunden, ebenso wie viele Rauch erzeugende Industrieunternehmen nicht mehr in der Kölner Innenstadt produzieren. Andererseits fahren inzwischen buchstäblich Millionen Fahrzeuge durch die Kölner Innenstadt, die zwar nicht mehr so gewaltig rußen, aber weiterhin für dicke Luft sorgen.

Diese dicke Luft hat den Dom schwarz gemacht. Sie liegt über der Stadt wie eine Glocke und verschiebt sich mit dem Wind, ähnlich wie auch die Rauchsäule eines Vulkans fast nie gerade aufsteigt. In unseren Breiten kommt der Wind sehr häufig aus dem Westen bzw. Nordwesten, und daher bläst er den Staub und allgemein die üble Luft meist Richtung Osten. Entsprechend liegen auch die schlechteren Wohngebiete öfter in dieser Gegend, während sich im Westen die Villen ausbreiten, hier ist nämlich die Luft besser. Köln ist auch dafür ein gutes Beispiel, denn das teure Viertel Köln-Lindenthal liegt westlich der City.

Städte als Vulkane – das trifft zu, weil Vulkane eine Menge toxischer Gase und Partikel herauspusten, und auch in der Stadtluft findet man nicht nur feine Partikel, sondern auch Tröpfchen von Säuren, etwa von Salpetersäure oder Salpetriger Säure, aber auch von Schwefliger Säure, und beide kennt man ebenfalls von Vulkanen.

Der Vergleich ist außerdem deshalb treffend, weil bekanntlich Städte bei Nacht stets sichtbar bleiben, da glimmt und glüht es, wie man am besten vom Flugzeug aus sieht, und schon in alten Zeiten waren die Städte bei Nacht nie dunkel, da sie mit Fackeln, später dann mit Gaslicht beleuchtet waren. Schließlich sind Städte stets wärmer als die Umgebung. Vulkane stoßen nicht überall Qualm und Gase aus; und das ist in

Städten sehr ähnlich, denn auch sie haben bestimmte Ecken und Spalten, sogenannte Hotspots, in denen es ganz besonders qualmt. Meist sind das verkehrsreiche Straßen, und zwar vor allem solche, die von hohen Gebäuden umrandet sind, sodass der Rauch nicht abziehen kann.

Während Vulkane aber oft eine sehr unregelmäßige und kaum vorhersehbare Aktivität entfalten, kann man die Qualmproduktion in den Städten sehr gut vorhersagen. Denn sie hängt an der Aktivität der dort lebenden Menschen und den Verbrennungsprozessen, die diese entfalten. Die Großstadtvulkane haben feste Dienstpläne. Montagmorgen geht es los, steigert sich dann; und die Staubproduktion zeigt nicht nur einen spezifischen Tagesgang, sondern hat zusätzlich einen Wochenrhythmus. Am wenigsten Staub in der Luft findet sich meist am Sonntag, wenn die Arbeit ruht. Auf einer Sammlung von kreisrunden Staubproben, die unseren Messgeräten entstammen und die in einer langen Reihe in meinem Büro hängt, kann man das sehr gut sehen – es ist eine Sammlung von *Shades of Grey*. Die Proben werden schwärzer zur Wochenmitte, am Mittwoch oft tiefschwarz, um dann am Samstag und Sonntag aufzuheitern. Am Montag wird es wieder dunkler …

Auch über das Jahr verteilt gibt es eine spezifische Kurve, denn im Winterhalbjahr, ganz besonders im Januar, wächst zumindest in Mitteleuropa die Staubkonzentration in der Luft drastisch an. Das liegt natürlich am Heizen, oder, wie es in den Fachveröffentlichungen heißt, am Hausbrand. Die Luft im Januar ist kalt, und sie legt sich auf die Stadt drauf, sodass die schmutzige Luft nicht fortgeblasen werden kann. So reichert sich der Staub an. Das sieht man auch am Schmutz, der sich auf den Scheiben der Fahrzeuge, aber genauso auf den Scheiben der Wohnungen ablagert. Oft fällt in Städten kein richtig dicker

Regen wie auf dem Land, sondern eher Nieselregen. Auch feinpulvriger Schnee ist in Städten viel häufiger. Meteorologen sprechen vom Industrieschnee, weil er dort entsteht, wo sehr viel Feinstaub in der Luft ist. Es bilden sich dann nämlich sehr viele feine Tröpfchen bzw. Eispartikel, die aber nicht mehr zu größeren Tropfen bzw. Flocken heranreifen.

DIE GESCHICHTE DES FEINSTAUBS

Die Geschichte des Feinstaubs ist weitgehend eine Geschichte des Feuers. Seit die Menschen das Feuer zähmten und sich damit von den übrigen Tieren emanzipierten, leben sie mit seinen Exkrementen, seiner Asche und seinem Rauch. Dabei versuchen sie schon immer, die positiven Eigenschaften des Feuers – seine Wärme, sein Licht, seine Verwandlungskraft – für sich zu nutzen und zugleich seine Risiken und seinen Qualm mit immer neuen Maßnahmen in Schach zu halten.

Bereits die Höhlenmenschen hatten, wie man inzwischen weiß, gute Ideen zur Rauchminderung: Durch Computersimulationen hat man herausgefunden, dass sie ihre Feuerstellen in den Höhlen so anlegten, dass der Rauch optimal abziehen konnte. Bei den Römern verwendete man noch offene Feuerschalen, in denen Kohlen verbrannt wurden, zur Heizung. Man kannte aber auch schon die Fußbodenheizung. Erst im Mittelalter setzte sich der Kamin durch, der, vorausgesetzt, er war richtig gebaut, den Qualm nach draußen leitete.

Mit der Industrialisierung und der darauf folgenden Motorisierung nahm der Qualm vielerorts solche Ausmaße an, dass in manchen Gegenden die Sonne gar nicht mehr durchdrang.

Das liegt daran, dass die Menschen mit der Zeit lernten, das Feuer für immer mehr Dienste heranzuziehen. Diente es zunächst vor allem der Bereitung von Speisen und der Beleuchtung und Erwärmung des Wohnraums, so lernte man mit der Zeit, es auch zu verwenden, um nützliche Materialien wie Stahl oder Glas oder Zement herzustellen. In der Industrialisierung erreichte diese Entwicklung ihren Höhepunkt, wobei durch die neu erfundenen Dampfmaschinen und Verbrennungsmotoren ein Weg gefunden wurde, die Kraft des Feuers für gezielte Arbeit zu nutzen. Entsprechend verbrennen moderne, industrielle Gesellschaften weitaus mehr als sämtliche vorangegangene Gesellschaften zusammen; und sie verbrennen nicht mehr nur Holz aus dem Wald, der für unseren Bedarf nicht mehr reichen würde, sondern in Gestalt von Braunkohle und Steinkohle auch die fossilen, ausgegrabenen Wälder der Vergangenheit. Und so kommt es, dass sich der Feinstaubgehalt der Luft, trotz vieler Maßnahmen, als ausgesprochen hartnäckig erwiesen hat.

Viel Feinstaub führt natürlich zunächst vor allem zu Atemwegserkrankungen und auch zu Erkrankungen der Augen, er löst Entzündungsprozesse aus, die in der Folge auch Herz-Kreislauf-Erkrankungen sowie neurodegenerative Erkrankungen wie Demenz und Alzheimer nach sich ziehen können. Feinstaubgesättigte Luft begünstigt aber auch die schnellere Ausbreitung ansteckender Krankheiten, da sie das UV-Licht der Sonne abdunkelt, das sonst sowohl Viren als auch Bakterien schwächt und oft zerstört. Hinzu kommen jene Erkrankungen, die auf einen Mangel an Sonnenlicht zurückzuführen sind, wie die Rachitis, eine schmerzhafte Knochenerkrankung, die durch einen Mangel an Vitamin D entsteht. Vitamin D wird von unserer Haut gebildet, allerdings nur dann, wenn klares Sonnenlicht darauf scheint.

Im Ruhrgebiet, in dem durch die Verhüttung von Eisenerz und die dortige stahlverarbeitende Industrie ungeheure Staubmengen in der Luft waren, hatten tatsächlich viele Kinder Rachitis, und zwar ganz unabhängig davon, ob sie in Arbeiterquartieren aufwuchsen oder in einer Villengegend. Denn überall lagerte der Dunst, die Sonne kam nicht mehr durch.

Feinstaub schadet aber nicht nur den Menschen, sondern auch den Pflanzen, und es ist kein Zufall, dass man in stark verschmutzten Städten nur selten Linden sieht. Dieser Baum, der in früheren Zeiten die Menschen zur Versammlung einlud und der vielbesungene Mittelpunkt von Dörfern war, verträgt nämlich Luftverschmutzung eher schlecht. Auch vielen Tieren setzt schlechte Luft zu, etliche verlassen die Stadt und suchen ruhigere und sauberere Gefilde auf, manche allerdings machen das Beste daraus, wie zum Beispiel der Birkenspanner: Diese normalerweise meist hell gefärbte Raupe entwickelte in englischen Industriestädten wie Manchester eine dunkle Form, die augenscheinlich viel besser an die rußigen Hintergründe dort angepasst ist.

Zum Glück hat sich die Stadtluft in Mitteleuropa durch konsequente Umweltgesetzgebung in den letzten Jahrzehnten insgesamt gebessert. So emittierten die Bundesbürger im Jahr 1995 noch 346 000 Tonnen Feinstaub (PM10), 2019 waren es nur noch rund 204 000 Tonnen. Und dass es so gekommen ist, dazu hat nicht nur die Umweltpolitik beigetragen, sondern auch ein Forscher von der Harvard-Universität in Boston, ein freundlicher älterer Herr namens Douglas Dockery. Als wir ihn vor einigen Jahren mit unserer Präsidentin besuchten, um uns für den Aufbau des Forschungsschwerpunktes *Umwelt und Gesundheit* an der Medizinischen Fakultät der Universität Augsburg vorzubereiten, zeigte er uns auf dem Flur eine große Weltkarte, die über und über mit kleinen bunten Nadeln bedeckt war. Wohl auf jedem Kontinent, in vielen großen Städten der Welt, fanden sich eine oder zwei Nadeln. Sie standen für Schülerinnen und Schüler des großen Gelehrten.

Als wir angesichts der zahlreichen Mitarbeiterinnen und Mitarbeiter anregten, dass doch auch junge Forschende aus Harvard einmal nach Augsburg kommen könnten, wurde er etwas unwirsch. Davon hielt er nichts, er wolle seine guten Leute lieber bei sich behalten.

Ein gewisses Recht auf Arroganz kann man Doug Dockery zubilligen, denn er und seine Schülerinnen und Schüler haben eine wissenschaftliche Großtat vollbracht und der Gesundheit einen kaum zu überschätzenden Dienst erwiesen. Und zwar lag ihre Leistung nicht darin, dass sie neue Heilverfahren entdeckten, sondern darin, dass sie ganz präzise gezeigt haben, was man tun kann, um dafür zu sorgen, dass Menschen weniger oft und weniger schwerwiegend erkranken. Sie konnten erstmals zeigen, dass die Sterblichkeit in einer Stadt klar korreliert mit dem Gehalt an Feinstaub in der Luft. Feinstaub, damit sind hier vor allem die ganz feinen Partikel gemeint, PM2,5 genannt; denn diese Partikel dringen tief in die Lunge ein und können dort entzündliche Prozesse verursachen. In ihrer Studie, an der über 8000 Menschen beteiligt waren, wurde in sechs Städten der USA Gesundheit, Sterblichkeit und Feinstaub im Zusammenhang betrachtet. Und es zeigte sich: je mehr feiner Feinstaub, desto höher die Sterblichkeit, und das ist besonders bei den etwas älteren Altersgruppen ab 65 Jahren der Fall. Am stärksten war übrigens damals eine Stadt verschmutzt, die den Staub, für deutsche Ohren gut vernehmbar, schon im Namen führte: Steubenville. Umgekehrt bedeutet das: je weniger Feinstaub in der Luft, desto besser für die Einwohner. Und eine neuere Studie konnte dann auch zeigen, dass die inzwischen verbesserte Luft in allen damals untersuchten Städten mit geringerer Mortalität verbunden war.

Tatsächlich gehen die meisten neueren Regulierungen letztlich auf die Studie von Doug Dockery zurück, die 1993 publiziert wurde, oder auf Studien, die von diesem Vorbild inspiriert waren. Es gab auch höchstrichterliche Entscheidungen in den USA, die den Menschen ein Recht auf weniger Feinstaub in der Luft zusprachen. Zweifellos hat sich Dockery damit in der Automobilbranche nicht viele Freunde gemacht, aber zu der in den letzten drei Jahrzehnten nochmals deutlich gestiegenen Lebenserwartung der Menschen in den USA und auch in Deutschland haben er und seine Schülerinnen und Schüler das ein oder andere Jahr beigetragen. Denn die durchschnittliche Lebenserwartung der männlichen Neugeborenen in Deutschland betrug 1988 72,2 Jahre. 2018, also 30 Jahre später, ist sie auf 78,6 gestiegen. Bei den weiblichen Neugeborenen lag sie 1988 bei 76,2 Jahren und stieg von dort auf 83,4 Jahre. Aufgrund der Corona-Pandemie ist die Lebenserwartung in Deutschland zwar nicht, wie in den Vorjahren, weiter gestiegen, sie ist aber bislang auch nicht gesunken.

Wenn man sich klarmacht, dass die Luft das sozusagen wichtigste Nahrungsmittel ist, von dem wir täglich die größten Mengen aufnehmen, nämlich rund 13 Kubikmeter, was 13 000 Milchflaschen entspricht, dann ist das kaum überraschend.

Und die Steigerung der durchschnittlichen Lebensdauer ist nur eine der positiven Wirkungen aller Maßnahmen zur Verbesserung der Luftqualität, gewissermaßen die sichtbare Spitze. Wenn die Luft weniger Feinstaub enthält, dann leben auch die Stadtbäume auf, Gebäude schmutzen weniger stark ein, und es werden auch weniger Menschen krank, Asthmatiker und andere Lungenkranke haben weniger Beschwerden. In Deutschland haben, neben anderen, vor allem Heinz-Erich Wichmann und Annette Peters für weniger Feinstaub in der Luft gekämpft, sie beide haben von Dockery gelernt.

Bei uns also ist die Luft sauberer geworden – aber wie sieht es aus, wenn wir in andere Länder schauen? Über die Hälfte der Menschen lebt heute in Städten, bald werden es zwei Drittel sein – welche Luft erwartet sie? Der Philosoph Hegel hat in seiner *Philosophie der Weltgeschichte* erklärt, dass der Weltgeist von Osten nach Westen wandere; der Dreck hingegen scheint die gegenteilige Richtung zu bevorzugen, er wandert vom Westen nach Osten. Sieht man sich die sehr lange Liste der Städte mit dem meisten Dreck in der Luft an, dann stellt man fest, dass die allerschmutzigsten heute fast ausnahmslos in Indien und China liegen. Dort atmen die Menschen täglich eine Luft, deren Feinstaubgehalt alle europäischen Grenzwerte sprengt. Während bei uns die Luft zwar noch immer nicht rein, aber doch weniger schmutzig ist, ist sie in vielen Metropolen Asiens oft so angereichert mit Feinstaub, dass man dort in der Tat auch am hellen Tag die Sonne nicht sieht. So zeigte erst jüngst eine Studie, dass die Menschen, die in Nordchina leben, wo die Luft verschmutzter ist, eine deutlich kürzere Lebenserwartung haben als im Süden, wo die Luft besser ist. Sie sterben im Durchschnitt 3,1 Jahre früher als die Bewohner des Südens; weil sie Tag und Nacht eine Luft atmen, die dicker ist, als es die Luft in verqualmten Kneipen je war.

Und dieser Zusammenhang – dass der Feinstaub aus unseren Industriegebieten verschwindet, während er sich dafür anderswo immer drastischer ausbreitet – ist keineswegs ein naturgeschichtlicher Prozess, sondern hat damit zu tun, dass wir unseren Feinstaub förmlich exportieren, indem wir unsere Waren dort herstellen lassen, wo die Umweltauflagen weniger streng sind.

Ein Beispiel: Wer Kinder hat, wird feststellen, dass die Kleinen mit Geschenken heute förmlich überschüttet werden, von allen Seiten; selbst bei Kindergeburtstagen ist es inzwischen üblich, dass nicht nur das Kind Geschenke erhält, sondern auch alle Gäste. Was soll man dagegen haben? Die Dinge, die da geschenkt werden, sind ja wirklich schön und machen Spaß, mehr Spaß als früher. Spielzeugautos etwa fahren nicht mehr einfach, nein, sie geben auch alle möglichen Geräusche von sich, Kinderbücher sind nicht mehr einfach gut erzählt und gezeichnet, sie singen und klingen. Und alles das ist trotz der hohen Qualität erschwinglich! Ebendeshalb wird so viel Kinderspielzeug verschenkt.

Sieht man sich die Herkunft dieser kleinen Hightech-Wunderwerke an, stellt man fest, dass meist darauf steht: »Made in China« oder »Made in P. R. C.«, weil der weitaus größte Teil des in Deutschland verkauften Kinderspielzeugs heute aus China kommt. Der Grund dafür ist, dass dort die Arbeits- und Produktionsbedingungen so gestaltet sind, dass der Endpreis extrem niedrig ist. Und es ist klar, dass bei der vermutlich weniger spaßigen Produktion dieser hochkomplexen Hightech-Waren eine erhebliche Menge Abwasser, Abraum und Abgas entstehen, die aber eben nicht uns und unsere Kinder belasten, sondern andere Menschen und andere Kinder irgendwo.

Die Luft, die viele Menschen weltweit täglich atmen müssen, ähnelt dem, was sich Raucher zufügen; nur dass hier alle, auch die Nichtraucher und die Kinder, den allgemeinen Qualm einatmen müssen. Doch immerhin: In China hat man inzwischen ebenfalls gewisse Maßnahmen gegen die Luftverschmutzung ergriffen, was möglicherweise ein Zeichen dafür ist, dass sich Geist und Dreck dort inzwischen begegnet sind. Man hat überall nicht nur erkannt, sondern auch politisch anerkannt, dass schmutzige Luft wie kaum ein anderer Umweltfaktor das Leben beschädigt und am Ende verkürzt.

Es gibt ein simples Rezept für mehr Gesundheit und mehr Lebensjahre: Wenn man dicke Luft dauerhaft dünner macht, ihr nur 10 Mikrogramm Feinstaub pro Kubikmeter nimmt, steigt die Lebenserwartung der Anwohnerinnen und Anwohner rein statistisch um 7,2 Monate. Deshalb ist es ausgesprochen sinnvoll, sich für saubere Luft in den Städten einzusetzen, und auch in Europa ist hier noch »Luft nach oben«.

3

Farbenpracht und Düsternis: Staub und Staubereignisse in der Natur

Für sehr viele Menschen dürfte die Vorstellung, jede Stunde mehrere Millionen winziger Staubpartikelchen einzuatmen, entsetzlich sein. Wäre nicht eine ganz reine, durchsichtige Luft, eine Luft ohne Staub, ohne Partikel, ohne die Überreste, den Abrieb und die Exkremente ungezählter Wesen und Dinge viel besser, viel zuträglicher?

Solche Überlegungen sind nur allzu verständlich. Es ist logisch, dass Menschen vor der dicken Luft der Städte in die Berge fliehen, wo alle, die unter Allergien oder an Lungenerkrankungen leiden, Linderung erfahren, weil auf hohen Bergen die Luft wesentlich sauberer ist; ab 1500 Metern gibt sogar die Hausstaubmilbe auf.

Doch Staub ist nicht nur ein Lästling, nicht nur ein Schädling, er ist auch nicht nur ein Nebenprodukt der Zivilisation, sondern gehört, in den richtigen Mengen, sehr wohl zum großen Kreislauf der Natur, und eine Welt ganz ohne Staub wäre keineswegs die beste aller möglichen Welten!

In Staubgestalt nämlich werden Dinge und Stoffe beweglich, die sonst an ihrem Ort festsäßen; über den Staub können weit entfernte Lebewesen und Ökosysteme miteinander in Kontakt kommen. Der Staub ist ein Kunstgriff der Natur, um Grenzen zu überwinden. Er verflüssigt das Starre und macht lange Wege kurz. Er ist ein Zauberer, der die normalerweise geltenden Gesetze überwindet. Ihm verdanken wir mehr, als uns bewusst ist.

DAS GROSSE STAUBEN

Ohne Staub fände das Wasser, das in der Luft unsichtbar als Wasserdampf unterwegs ist, keinen leichten Weg, wieder zur Flüssigkeit zu werden, um die Erde zu tränken. Denn Wasserdampf nutzt die feinen Staubpartikelchen in der Luft, um an ihnen zu kondensieren. Gibt es sehr viele Staubpartikel, dann bildet sich Nieselregen, der daher in Städten auch viel häufiger ist als auf dem Land. Fehlen Staubpartikel völlig, könnten sich Wolken nur noch sehr mühsam bilden, der Wasserdampf würde notgedrungen an den Felsen hoher Bergen kondensieren und würde uns von dort in reißenden Sturzbächen entgegenkommen.

Das Tageslicht wäre nicht mehr abwechslungsreich und farbig, nicht mehr durch Dunst und Wolken unendlich vielfältig abgetönt, sondern brutal und immer gleich grell, die Sonne würde zum Fluch. Das stimmungsvolle Abendrot fehlte ebenso wie das Morgenrot, Sonnenuntergänge gäbe es nicht mehr, das Blau des Himmels wirkte schwarz. Man müsste fragen, ob man überhaupt noch sagen kann, »es tagt«, denn in einer Welt ohne Staub kommt und geht die Sonne zwar wie gewohnt, aber sie wird überhell und monoton. Zimmer, deren Fenster nach Norden liegen, blieben duster, weil sie kaum mehr indirektes Himmelslicht empfingen.

Den Dunst der Ferne gäbe es nicht mehr; die Wolken und

alle vertrauten Stimmungen würden verschwinden, zum Beispiel die neblige Herbstatmosphäre. Und es kommt noch schlimmer, denn dem Herbst fehlte nicht nur der Nebel, sondern auch die Ernte, die Weizengarben, Apfelkörbe, die Weinreben und damit das, was ihn ausmacht. Denn die Pflanzen könnten ohne Staub, nämlich ohne Blütenstaub, keine Früchte mehr bilden.

Staub ist nicht nur ein gesundheitsschädliches Etwas, er ist für sehr viele Prozesse in der Natur unerlässlich. Diese bedient sich ohne irgendwelche Berührungsängste des Staubes und macht sich seine besonderen Eigenschaften zunutze, seine feine Mobilität und seine Fähigkeit, in den letzten Winkel zu kommen, jeden noch so versteckten und weit entfernten Ort zu erreichen. Sie macht das Beste aus ihm.

Wenden wir uns also dem natürlichen Stauben zu. Woher kommt der Staub auf Erden, und wie viel gibt es davon? Letzteres weiß niemand so ganz genau. Man schätzt daher. Diesen Schätzungen liegen verschiedene Methoden zugrunde, und ihre Ergebnisse unterscheiden sich zum Teil ganz beträchtlich.

Das Gesamtbild aber ist in allen Schätzungen mehr oder weniger gleich, und es enthält eine Überraschung! Denn den meisten Staub auf unserem Planeten erzeugen nicht die Menschen, sondern die Ozeane. An sich ist das logisch, denn sie nehmen ja auch die größte Fläche ein, 71 Prozent der Erdoberfläche sind von Meeren bedeckt. Andererseits: Die Ozeane sind doch nass – wie sollen sie Staub erzeugen? Der Grund dafür ist ihre ständige Bewegung: Sie bilden Wellen, die ihrerseits Gischt erzeugen; so gelangen laufend ungeheure Mengen feiner und feinster Tröpfchen Meerwassers in die Atmosphäre, die dann zu kleinen Seesalzpartikelchen austrocknen. Auch das ist Staub!

Von den rund 12 Milliarden Tonnen Staub, die Jahr für Jahr durch die Atmosphäre schweben, steuert das Meer, steuern die

MEER
WÜSTE
VULKAN
STADT

Ozeane, wie gesagt, den größten Teil bei, nämlich rund 10 Milliarden Tonnen. Erst danach kommen mit rund 1,5 Milliarden Tonnen die Wüsten und die übrigen trockenen Böden.

Die Menschen liefern rund 300 Millionen Tonnen Staub, mit ihren Feuern, ihrer Industrie, ihrem Verkehr und ungezählten anderen Aktivitäten. Waldbrände, die doch ebenfalls enorm viel Qualm und Ruß erzeugen, produzieren weit weniger, nämlich nur etwa 88 Millionen Tonnen. Und von diesen müsste wohl ein großer Teil ebenfalls noch den menschlichen Aktivitäten zugeschlagen werden, da viele Waldbrände heute von uns gelegt werden, um Wald loszuwerden und Weide- oder Ackerland zu gewinnen.

Dann kommt der Biostaub. Das ist einerseits der Staub, der von den Lebewesen übrig bleibt, andererseits aber auch der Staub, den die nichtmenschlichen Lebewesen erzeugen; und das sind schließlich jene Geschöpfe, die so klein sind, dass sie zum Staub gehören. Hier ist zunächst an den Blütenstaub der Pflanzen zu denken, der etwa 66 Millionen Tonnen ausmacht. Pilze stauben ebenfalls in dieser Größenordnung. Ihren Staub nennt man, ebenso wie den Staub der Farne und Moose, Sporen, was sich von dem griechischen Wort *sporá* herleitet, das so viel wie Keim bedeutet. Sporen sind tatsächlich die Keime der Pilze, denn wenn sie auf geeigneten Untergrund gelangen, wachsen – genau, Pilze.

Dabei muss man nicht nur an jene Pilze denken, die man

direkt »Stäublinge« nennt und die, wenn man sie anfasst, tatsächlich kleine Staubwolken abgeben, auch Champignons und Steinpilze sind Staubabflugrampen, die Kappe schirmt gegen Regen und übergibt die Sporen nach unten, über Lamellen bzw. Röhren, dem Wind. Dass es wirklich so ist, sieht man, wenn man einmal eine Pilzkappe eine Nacht lang auf eine dunkle Unterlage legt. Auch die ganz winzigen Pilze, zum Beispiel die Schimmelpilze, erzeugen Sporen, über die sie sich verbreiten. Zum Biostaub gehören außerdem die Bakterien, etliche weitere Mikroorganismen und die frei existierenden Formen der Viren. Corona zum Beispiel ist – wie wir mittlerweile leider alle wissen – eine Erkrankung, die vor allem über in der Luft schwebende, virengeschwängerte Flüssigkeitströpfchen verbreitet wird.

Vom Kleinsten zum ganz Großen: Vulkane, die für die spektakulärsten Staubereignisse verantwortlich sind, steuern nur einen kleinen Teil zum irdischen Staubbudget bei, 33 Millionen Tonnen im Jahr. Das ist ungefähr ein Zehntel dessen, was die Menschheit an Staub aufwirbelt! Dennoch kann ein gehöriger Vulkanausbruch viel durcheinanderbringen, wie wir noch erfahren werden. Und last but not least: Staub hat nicht nur irdische Ursprünge, er kommt nicht nur von unten, es gibt auch immer eine Prise kosmischen Staubes, der vom Weltall herabregnet und sich unter den irdischen mischt wie ein blinder Passagier. Viel ist es nicht, im Jahr vielleicht 10 000 Tonnen (also, um bei dem bisherigen Maß zu bleiben, rund 0,01 Millionen Tonnen), die allerdings sehr interessant sind, weil sie etwas über die Frühgeschichte des Sonnensystems verraten. Der Astrophysiker Thomas Stephan, der heute in Chicago forscht, zeigte mir einst eine mikroskopische Aufnahme eines kosmischen Staubpartikelchens, das einen Durchmesser von ungefähr 10 Mikrometern hatte und das aussah wie ein winziger, uralter Brotkrümel. Es war also winzig und unscheinbar und hatte sicher gedacht, dass es bei seinem langen Weg durch das All von niemandem gestört würde, doch es kam anders, wie Stephan erklärte: »An diesem Ding haben elf Wissenschaftler aus Deutschland, den USA und Japan geforscht«, erklärte er. Man sei dem unsichtbaren Partikelchen mit sieben unterschiedlichen Analysemethoden auf den Leib gerückt. *More and more about less and less*, sagte einmal jemand über den Weg der modernen Wissenschaft; und hier wird dieser Spruch besonders gut greifbar. Das Interesse am Winzigsten ist keineswegs ein bloßer Spleen; die Wissenschaft befasst sich mit dem Staub, weil er oft genug der letzte Zeuge ist. Wo alles Große zerstoben ist, alle Monumente zerfallen, da bleibt der Staub. Und jedes noch so kleine Partikelchen ist mit dem Großen und Ganzen verbunden und erzählt eine faszinierende Geschichte. Das gilt nicht nur für kosmischen Staub, sondern auch für den Blütenstaub, für den Saharastaub, den Biostaub – und: für den Staub der Meere …

MEERE

Zur bayerischen Tracht zählt bei Frauen ein ganz bestimmter Halsschmuck, den man Kropfband nennt.

Dies ist ein eng anliegendes, breites Band, das um den Hals getragen wird. Es gibt auch aus Silber gefertigte, eng anliegende Kropfketten. Was diese »Trachtkette«, wie sie in den Läden meist genannt wird, mit dem Meer und seinem Staub zu tun haben soll, liegt zunächst nicht auf der Hand. Denn die süddeutschen Gebirgler leben ja sehr weit vom Meer entfernt. Und

KROPFBAND

gerade deshalb gibt es eine Verbindung.

Es gibt nämlich und gab früher besonders in Gebirgsregionen eine heute selten gewordene Erkrankung namens Kropf, eine sich in der Gegend der Schilddrüse bildende Geschwulst am Hals. Der Kropf kann eine enorme Größe erreichen und selbst beinahe so groß werden wie ein Kopf. Dass er den oder die Menschen, die an ihm leiden, nicht gerade verschönert, ist klar. Er ist aber nicht nur hässlich und entstellend, er bringt auch viel Leid mit sich, denn er erschwert das Schlucken und das Atmen, zudem kann es zu einem Blutstau kommen. Oft wurde in früheren Zeiten der Kropf operiert, und dabei blieben Narben am Hals zurück. Und um diese zu verdecken, gab es eben das Kropfband.

Der Kropf ist bereits eine Qual, doch er geht mit einer noch viel schlimmeren Erkrankung einher, die die Kinder kropfkranker Eltern betrifft, man nennt sie Kretinismus. Dies ist eine allgemeine körperliche und geistige Verkümmerung der Kinder, ihre Entwicklung ist irreversibel gestört.

Den Kropf kennt man seit dem Altertum, und es war den reisenden Ärzten bereits frühzeitig aufgefallen, dass er nur in bestimmten Regionen vorkommt, in anderen hingegen jedoch nicht. Besonders häufig ist er in Gebirgen. Die Schweiz etwa galt früher als typisches »Kropfland«, und bei den Menschen, die am Großen Sankt Bernhard lebten, einem Alpenpass im Wallis, waren Kropf und Kretinismus am weitesten verbreitet, dort stellten sogar Kinder und Erwachsene, die keinen Kropf hatten, eher die Ausnahme dar. Über die Ursache der Erkrankung tappte man lange im Dunkeln.

Man wusste aber, dass Menschen, die in der Nähe des Meeres lebten, keinen Kropf entwickelten. In England zum Beispiel war der Kropf in den meeresnahen Regionen sehr selten; häufiger hingegen in Mittelengland. Und ein bestimmtes Lebewesen des Meeres, nämlich der ganz normale Badeschwamm, galt als wirksames Heilmittel. Man verwendete Badeschwämme, indem man sie auf dem Kopf auflegte, außerdem wurde die Einnahme von verbrannten Badeschwämmen erfolgreich praktiziert. Und schließlich gab es sogenannte Meerbälle, die aus Algenresten und allgemeinem Gekröse des Meeres zusammengesetzt waren, gewissermaßen die Wollmäuse der Ozeane, und die an den Rändern der See mancherorts ausgeworfen werden; man nutzte sie unter dem Namen *bala marinae* erfolgreich gegen den Kropf.

Doch nicht nur in Europa war der Kropf verbreitet, der Forschungsreisende Alexander von Humboldt stellte bei seiner Südamerikareise fest, dass diese Erkrankung in der »Neuen Welt« ebenfalls vorkommt, und auch hier war sie, wie er schreibt, ganz unterschiedlich verteilt. Im Tiefland von Kolumbien war das Leiden unbekannt, hingegen im Hochland weitverbreitet. Humboldt berichtet sogar, dass einem seiner Maultiertreiber, der einen großen Kropf gehabt habe, von seinen Kollegen gesagt worden sei, dass er den Kropf verlieren werde, wenn er erst einmal ins Tal hinabgestiegen sei. Und tatsächlich konnte Alexander von Humboldt beobachten, dass die Erkrankung, als man unten angekommen war, zurückging, wenn sie auch nicht ganz verschwand. Eine ähnliche Verteilung zeigte sich in den Vereinigten Staaten, wo der Kropf an der dem Meer abgewandten

Region der Rocky Mountains häufig ist, genauso wie im Landesinneren.

Erst im Jahr 1811 kam man der Ursache des Kropfes und des Kretinismus auf die Spur, und zwar mitten in den Napoleonischen Kriegen. Damals lebte in Paris Bernard Courtois, der seinen Lebensunterhalt mit der Herstellung von Salpeter bestritt. Salpeter ist der Hauptbestandteil von Schießpulver und wurde aus bestimmten Erden und Pflanzenasche hergestellt. Es war das Jahr, als Napoleon gerade seinen Russlandfeldzug vorbereitete, und da hierfür gewaltige Mengen an Schießpulver benötigt wurden, brauchte man auch entsprechend viel Salpeter. Anstelle der knapp gewordenen Pflanzenasche, mit der der Rohsalpeter umgesetzt wurde, um ihn für die Schießpulverfertigung tauglich zu machen, kam ersatzweise Algenasche in Gebrauch. Man erhielt sie zum Beispiel aus der Normandie, und gewonnen wurde sie aus Meeralgen. Courtois bemerkte, als er diese Asche mit konzentrierter Schwefelsäure erhitzte, einen violetten Dampf und sah auch, dass dieser sich in schwarzen Kristallen in den oberen Teilen des Gefäßes absetzte. Zunächst behielt er seine Entdeckung für sich und experimentierte weiter mit der neuen Substanz, schließlich informierte er einige Chemiker, die bald erkannten, dass es sich bei dem Stoff um ein neues Element handelte, man benannte es als Jod. Während der Bedarf an Salpeter in Paris seinen Höhepunkt bald überschritten hatte – das Desaster des Russland-Feldzuges läutete das Ende der französischen Herrschaft über Europa ein –, erkannte Courtois die Chancen, die sich mit dem neu entdeckten Element boten, und wurde zum ersten Fabrikanten von hochreinem Jod, einem Stoff, dessen vielseitige Nutzung in der Medizin bald deutlich wurde.

Man begann, das Jod für die Wundbehandlung zu nutzen,

und man erprobte es bald auch in der Kropftherapie – mit Erfolg. Bis zu der Erkenntnis, dass Jodmangel tatsächlich die Ursache für die Erkrankung darstellt, war es aber noch ein weiter Weg. Erst als genaue Karten von der Verbreitung des Kropfes angefertigt wurden, zeigte sich, dass oft die Menschen unter ihm leiden, die weit vom Meer entfernt in gebirgigen Regionen leben.

Heute wissen wir, dass unter den vielen guten Dingen, die in der Meeresluft und in Meeresprodukten wie Fisch enthalten sind, auch Jod gehört. Denn Jod wird von vielen winzigen Meeresorganismen akkumuliert, also angereichert, und gelangt mit diesen durch die Gischt in die Luft. Wer Meeresluft atmet, braucht also den Kropf nicht zu fürchten.

Jodmangel führt dazu, dass die Schilddrüse ihren Aufgaben nicht mehr nachkommen kann, denn dieses schmetterlingsförmige Organ, das dem Kehlkopf aufliegt, erzeugt unter anderem ein Hormon namens Thyroxin, das Jod enthält. Fehlt Jod, dann fehlt Thyroxin, und dann geraten zahlreiche wichtige Abläufe im Körper durcheinander, zudem kann sich die Schilddrüse vergrößern, was zu Schluckbeschwerden und einem allgemeinen Druckgefühl am Hals führt. Besonders folgenschwer ist Jodmangel bei schwangeren Frauen, weil dann auch die Föten betroffen sein können, sie bleiben kleinwüchsig und entwickeln sehr oft geistige Behinderungen, also Kretinismus.

Durch die Entdeckung des Jods war eine Möglichkeit eröffnet, Jodmangel durch Medikamente zu beheben; Jodpräparate, einschließlich Thyroxin, zählen auch heute in Deutschland, den USA und anderen Ländern zu den meistverkauften Präparaten.

Der Einfluss der Meere auf die Luft und damit ihre kostenlose Jodlieferung entfaltet sich zwar nicht nur in Küstenregionen, er reicht aber nur etwa 100 km landeinwärts. Dagegen sind besonders tief im Landesinneren gelegene Gegenden und auch hohe Gebirge potenzielle Jodmangelgebiete. Die Idee, dem Kropf vorzubeugen, indem man das Salz, das die Menschen und die Nutztiere verwenden, einfach mit etwas Jod anreichert, ist sehr naheliegend, und sie wurde tatsächlich schon Anfang des 19. Jahrhunderts, kurz nach der Entdeckung des Jodes, geäußert. Doch eine an sich naheliegende Idee benötigt oft erstaunlich lange, ehe sie sich durchsetzt. In der Medizin widmet man sich in der Regel zunächst dem Heilen der Erkrankung, denn davon leben sowohl Ärztinnen und Ärzte wie auch Apothekerinnen und Apotheker. Die Frage, was man tun könnte, damit es gar nicht erst zu einer Erkrankung kommt, ist hingegen zwar naheliegend, hat aber kaum eine Lobby, weil sich damit kein Geld machen lässt. Hinzu kommt bei gar nicht wenigen Menschen eine hartnäckige Abneigung gegen chemische Präparate, die man nur zu sich nehmen will, wenn die Not einen zwingt, nicht aber freiwillig zur Prophylaxe, und das hat auch die Einführung des Jodsalzes lange verzögerte. Zwar hatten Tierversuche mit Forellen, die ebenfalls einen Kropf ausbilden können, eindeutig gezeigt, dass dieser verschwindet, wenn dem Wasser minimal Jod zugesetzt wird, aber was bedeutete das schon? Menschen sind schließlich keine Fische, sagte man.

Und woher wusste man, dass das Jod, das dem Salz zugefügt wird, nicht gefährlich ist? Erst 1924 wurde im Schweizer Kanton Appenzell erstmals jodiertes Speisesalz verkauft. Diese Maßnahme erwies sich als eine der segensreichsten Anwendungen wissenschaftlicher Erkenntnisse. Heute ist der Kropf in der Schweiz sehr selten geworden.

Anderswo, etwa in Zentralasien oder auch in Zentralafrika, sind Kropf und Kretinismus auch heute noch nicht verschwunden, sondern häufige und sehr gravierende Erkrankungen.

Nicht nur das in der Gischt staubfein enthaltene Jod macht die Meeresluft so gesund. Therapeutische Wirkung hat auch das Salz selbst, das bei vielen Lungenerkrankungen einen positiven Effekt hat, weil es den Schleim löst und zudem auch den krankheitserzeugenden Bakterien das Leben schwer macht. Es ist kein Zufall, dass in Deutschland Lungenkliniken oft am Meer liegen, denn neben der wohltuenden Meeresbrise gibt es auch weniger Schadstoffe und Allergene. Kommt die Luft vom Meer, dann enthält sie wenig Pflanzenpollen, zudem keinen oder wenig Ruß. All das ist Balsam für die von verschmutzter Stadtluft gestressten Atemorgane. Insofern kann man also sagen, dass das Meeres-Aerosol, also der feine Staub des Meeres, sein Spray, seine Gischt, ein Beispiel für einen rundum guten Staub ist. Er wirkt heilend. Neueste Forschungsergebnisse haben aber gezeigt, dass sich in den Meeren inzwischen auch, wie überall sonst, bestimmte Chemikalien anreichern. Und zwar vor allem solche, die aufgrund ihres chemischen Baus besonders stabil sind, wie zum Beispiel perfluorierte Kohlenwasserstoffe. Auch Mikroplastik ist in der Gischt enthalten und oft auch im Meersalz, von wo es in die Nahrung gelangt. Die Konzentrationen sind derzeit niedrig, und man weiß auch wenig über mögliche gesundheitliche Probleme, doch zeigt sich hier eben erneut, dass Müll nicht entsorgt ist, wenn man ihn aus dem Blickfeld schafft. Über den Staub kommt er zu uns zurück.

SAHARASTAUB

Just an dem Tag, an dem ich das Kapitel über den Staub in der Natur begann, sandte die Sahara eine riesige Staubwolke nach Bayern. Der Himmel war so gelb, dass das Licht in den Innenräumen grünlich wirkte, und auf den Autos setzte sich eine beträchtliche Schicht feinsten Staubes ab. Mein Kollege Simon Meißner, der weiß, wie sehr ich den Staub liebe, hat auf einer kurz vor dem Ereignis frisch gereinigten Metallfläche den dort niedergegangenen Staub zusammengekehrt und ihn in ein kleines Fläschchen gefüllt, das jetzt vor mir auf dem Schreibtisch steht. Es waren zwei oder drei Teelöffel, die auf einer Fläche von gerade mal einem Quadratmeter zusammenkamen. Nimmt man an, dass überall in Bayern eine ähnliche Menge niederging, und bedenkt man, dass Bayern allein eine Fläche von mehr als 70 Milliarden Quadratmetern hat, bekommt man eine Ahnung davon, wie viel Staub da übers Mittelmeer und über die Alpen gewirbelt wurde.

Saharastaubereignisse sind zwar nicht immer so großartig, sie sind aber im Süden Deutschlands besonders im März und im April recht häufig, und daher haben wir in der Augsburger Forschungsgruppe *Aerosole, Klima, Gesundheit* beschlossen, der Sache auf den Grund zu gehen. Unser Kollege Harald Flentje vom Deutschen Wetterdienst, der auf der meteorologischen Forschungsstation Hohenpeißenberg, gelegen auf einem kleinen Berg vor den Alpen, arbeitet, übernahm es, einen Saharastaubkalender zu erarbeiten. Immerhin schwappt Saharastaub fünf- bis fünfzehnmal im Jahr über die Alpen. Er ist von Staubstürmen in der Sahara in große Höhen transportiert worden, überquert das Mittelmeer, die Alpen und landet schließlich bei uns. Eine größere Gefahr für die Gesundheit geht, soweit man weiß, nicht von ihm aus. Denn der Saharastaub gelangt nur selten und nur sehr verdünnt zu uns, während wir den feinen Partikeln, die bei Verbrennungsprozessen entstehen, dauerhaft ausgesetzt sind; diese dringen zudem tiefer in die Lunge ein.

In südlichen Ländern wie Spanien, Italien oder Griechenland kommt Saharastaub selbstverständlich wesentlich häufiger an, und er hält sich auch länger in der Luft, weist zudem höhere Konzentrationen auf. Dort sind die Auswirkungen dieses Staubes auf Menschen mit Atemwegserkrankungen auch größer.

Global gesehen hat der Saharastaub viel Gutes! Er enthält nämlich, obwohl er von einem vermeintlich toten Ort stammt, lebenswichtige Stoffe. Weil jedes Jahr sehr viel Saharastaub in die Luft gelangt, etwa 1,5 Milliarden Tonnen werden geschätzt, und weil dieser Staub viele Tausend Kilometer verfrachtet wird, gelangt er auch in entfernte Ökosysteme. Er spielt zum Beispiel eine beträchtliche Rolle in der Nahrungskette des Meeresplanktons, sowohl im Mittelmeer als auch im Atlantik, die in den inneren Zonen oft sehr nährstoffarm sind. Ebenfalls bedeutend ist er für den Amazonas-Regenwald. Dieser Regenwald strotzt zwar nur so vor Leben, er hat aber kaum Reserven. Die Böden, auf denen er steht, sind durch den täglichen Regen, der seit Hunderttausenden von Jahren auf sie fällt, weitgehend ausgelaugt. Die Düngung aus der Luft kommt daher wie gerufen.

Dass die Stäube der Sahara lebenswichtige Elemente wie Calcium, Magnesium, Eisen und Phosphor enthalten, liegt daran, dass dort nicht immer eine Wüste war. Vor etwa 10 000 Jahren befand sich an der Stelle der heutigen Zentralsahara ein riesiger See. Dort lebten Pflanzen, Fische sowie unvorstellbare Massen an Mikroorganismen. Dieser See verschwand vor etwa 6000 Jahren, teils verdunstete er, teils zog sich das Wasser in tiefe Erdschichten zurück. Zurück blieben die Überreste der einst dort lebenden Tiere und Pflanzen. Sie zerfielen zu Staub, und dieser Staub wird heute, als fein pulverisiertes Fischmehl, bei den Stürmen in der Sahara mobilisiert und gelangt schließlich als Düngemittel ins Meer und bis in den Regenwald.

VULKANASCHE

Als man noch auf Flohmärkten stöbern konnte, in winzigen Münzgeschäften nach Funden suchte, die einem der kauzige Händler oder die Händlerin dann nach langen Verhandlungen verkaufte, erwarb ich einst eine recht schwere Gedenkmünze aus dem Jahr 1817. Sie zeigte auf ihrer Vorderseite eine klagende Familie, ein Kind schlingt die Arme um die Knie des sitzenden Vaters, weinende und klagende Frauen stehen an seiner Seite, links erhebt sich auf einem Grab ein Kreuz: »Groß ist die Noth«, sagt die Umschrift. Als ich die Münze zu Hause einsortierte, bemerkte ich etwas Seltsames, denn da war etwas darin – vielleicht eine Schatzkarte?

Während ich das merkwürdige Stück etwas hin und her drehte, trennten sich Vorder- und Rückseite. Es fiel ein kreisrundes Papier heraus, das man wie eine Ziehharmonika anheben konnte – ein Leporello. Es war keine Schatzkarte, sondern eine Art Comic mit mehreren farbigen Bildern dramatischer Situationen. Hunger stand im Mittelpunkt, doch auch schreckliche Gewitter und Stürme waren abgebildet und Hochwasser, das das Vieh ertränkte. Vom Jahr 1816 las man: »Der kalte Regen im Sommer erzeugte das Schröcklichste was die Menschen treffen kann, einen allgemeinen Miswachs, und den aus ihm entspringenden Brodmangel. Aller Orten drangen die Menschen

ungestümm vor die Wohnungen der Bäcker, und jeder neue Morgen weckte zu jammervollen Klagen.« Viele Ströme traten über ihre Ufer: »Mit gerungenen Händen«, so las man, »sahen Tausende ihre Wohnungen und ihre Habe von dem gewaltigen Strome mit fortgerissen.« Unentwegt gewitterte es. Auf einer Tabelle konnte man die Höchstpreise für Lebensmittel lesen; ein Scheffel Dinkel, das sind 170 Kilogramm, ausreichend etwa für den Brotbedarf eines Menschen in einem Jahr, kostete 40 Gulden, fast das Dreifache des normalen Preises. Bedenkt man, dass viele Menschen damals in einer Woche nicht mehr als zwei Gulden verdienten, wird klar, wie horrend diese Teuerung war, denn allein für Brot musste damals offenbar etwa die Hälfte der gesamten Einkünfte eines normalen Arbeiters ausgegeben werden.

Die Münze war ein sogenannter Hungertaler. Sie war im Jahre 1817 geprägt worden in Erinnerung an die Hungersnot im Jahre 1816. Dieses Jahr 1816 ging als »Jahr ohne Sommer« in die Geschichte ein. Weite Teile Mitteleuropas erlebten damals ihre bislang letzte schwere Hungersnot, die besonders in ohnehin armen Regionen wütete. Tatsächlich führte die nicht enden wollende Kälte und Nässe dieses Jahres zu einer Katastrophe in der Landwirtschaft: Die Heuernte war verregnet, das Getreide wurde nass eingebracht, daher verschimmelte ein Großteil in den Speichern. Wein gab es erst recht keinen. Erst im Jahr 1817 wurden wieder nennenswerte Ernten eingefahren, und dies ist auf dem Leporello des Hungertalers ebenfalls abgebildet, ein

Geistlicher segnet einen mit Getreidegarben hoch gefüllten Wagen: »nun danket alle Gott!« Der Hungertaler lässt die Katastrophe, aber auch die nachfolgende Rettung durch reiche Ernte als Lehre Gottes erscheinen und machte durch diese Rahmung das Geschehen vielleicht etwas erträglicher.

Nicht alle konnten sich einer solchen religiösen Deutung anschließen, Künstlerinnen und Künstler, Dichterinnen und Dichter reagierten auf ihre eigene Weise auf die Ereignisse. Die damals erst 19-jährige Mary Shelley wurde durch die wochenlange Düsternis nicht nur deprimiert, sondern auch inspiriert, jedenfalls begann sie ihren Monsterroman *Frankenstein*. Auch ihr Gefährte, der Dichter Lord Byron, der mit seiner jungen Freundin damals in einem Schloss am Genfer See weilte, reagierte auf die Weltuntergangsstimmung. Er verfasste das Gedicht *Finsternis*:

> Ich hatte einen Traum, doch es war nicht nur ein Traum …
> Blind zog die Erde in mondleerer Luft …
> Der Morgen kam – und ging – und kam und ging – und brachte keinen Tag.

In ewiger Finsternis harren die Menschen aus, sie verfeuern alles, was sie haben, um nur etwas Licht und etwas Wärme zu bekommen. Am Ende bricht der Kannibalismus aus. Anders als bei dem fast zeitgleich entstandenen Hungertaler, wacht hier kein Gott über das Geschehen, der dafür sorgt, dass alles einen Sinn hat und am Ende dann die Welt doch wieder ins Lot kommt und die Geschichte gut ausgeht. Vielmehr sind die Menschen ihrem Schicksal ausgeliefert. Kein Happy End. Darin liegt die Modernität des Gedichtes, das denn auch zum Ursprung aller neueren Weltuntergangsliteratur wurde. Das unheimliche Zwielicht des Jahres 1816 strahlt durch die Jahrhunderte und erreicht noch unsere Zeit, es schimmert beunruhigender als je zuvor und bestimmt die Atmosphäre vieler literarischer Werke und auch apokalyptischer Filme, wie etwa *Blade Runner 2049* oder *The Road*.

Verursacht wurden Zwielicht und Wetterextreme, wie man erst im Nachhinein erkannte, durch den Ausbruch des Vulkans Tambora auf der Insel Sumbawa in Indonesien, der sich im April 1815 ereignete. Bei dieser größten vulkanischen Eruption in der jüngeren Erdgeschichte gelangten 150 km^3 Material bis in die Stratosphäre. Der begleitende Tsunami kostete ungezählte Menschen das Leben, aber auch die Aschewolke war tödlich, in unmittelbarer Umgebung des Vulkans erstickten einige Zehntausend Menschen qualvoll.

Aber es gab auch verheerende Fernwirkungen. Weil der Vulkan in der Nähe des Äquators liegt, wurden seine Asche und die ausgeworfenen Gase weit verteilt. Sie hatten in der hohen Verdünnung dann zwar keine tödliche Wirkung mehr, aber entfalteten klimatische Effekte. Dabei waren es vor allem die schwefeligen Aschebestandteile, die länger in der Atmosphäre blieben, feine Tröpfchen von Schwefelsäure zum Beispiel. Sie erzeugten einen hartnäckigen feinen Nebel, der kaum niedersank, sondern in der Höhe blieb. Daher gelangte wesentlich weniger Licht auf die Erdoberfläche, vielerorts war ein ewiges Zwielicht das Resultat, das auch im Hochsommer nur für wenige Stunden aufklarte. Und da es sehr kalt war, weil es immerfort regnete, brach die Ernte zusammen. Tiere und Menschen hungerten.

Vulkanausbrüche kühlen die Luft in der Summe ab, sie verändern zudem durch ihren Staub die Atmosphäre so stark, dass Sonnenaufgang und Sonnenuntergang oft ganz anders wirken. Diese Phänomene waren zuletzt besonders deutlich sichtbar beim Ausbruch des Vulkans Krakatau im Jahre 1883, der zwar nicht zu Missernten führte, wohl aber in Europa und den USA zu einer außergewöhnlichen Farbenpracht am Himmel. Abends war das Firmament derart bedrohlich rot, dass mancherorts, zum Beispiel in New York, Feueralarm ausgelöst wurde. Viele Menschen beobachteten die außergewöhnlichen Lichterscheinungen, und es wurden auch eigene wissenschaftliche Kommissionen eingerichtet, um das Phänomen zu studieren.

Vulkanausbrüche gibt es, seit die Erde besteht; der erste Ausbruch, der genauer beschrieben worden ist, war der Ausbruch des Vesuvs im Jahre 79 nach Christus. Damals fand auch der römische Naturforscher Plinius den Tod, er war Flottenkommandant in Miseno (lateinisch Misenum), das in der Nähe lag, nicht weit vom heutigen Neapel. Bei seinem Versuch, das Phänomen zu erkunden und auch bedrohte Menschen zu retten, erstickte er, als ein Aschestrom ihn erreichte. Sein Neffe Plinius der Jüngere, den er in seinem Haus aufgenommen hatte, hatte mehr Glück. Er wurde von entschlossenen Offizieren, die sahen, was die Stunde geschlagen hatte, aus der Bibliothek, in der er trotz Ascheregens geduldig studierte, herausgeholt und im eiligen Marsch aus der Gefahrenzone gebracht. Dieser jüngere Plinius überlebte daher und hinterließ uns in einem Brief an den Historiker Tacitus eine genaue Beschreibung des Ausbruchs, die besonders die pinienförmige Wolke über dem Vesuv eingehend schildert, eine Wolke so groß, dass es mitten am Tag dunkel war wie in der Nacht; zudem blitzte es aus ihrem Inneren unaufhörlich. Heute spricht man ihm zu Ehren von »plinianischen Eruptionen«, um den bestimmten Typ von Vulkanausbruch, den er erstmals beschrieben hat, zu bezeichnen. Auf klimatische Veränderungen infolge des Ausbruchs ging er natürlich noch nicht ein.

Gerade sie aber sind es, die heute im Mittelpunkt stehen. Je höher die Asche geschleudert wird, desto länger kann sie in der Atmosphäre schweben, desto nachhaltiger ist auch der klimatische Effekt. Vulkanasche enthält nicht nur feste Partikel, die relativ rasch zu Boden sinken, sondern, wie schon beschrieben, auch Schwefelverbindungen, die die Eigenschaft haben, Wasser anzuziehen, und daher einen besonders starken Vernebelungseffekt haben.

Die Beobachtungen des klimatischen Effektes von Vulkanausbrüchen führte in den 1980er-Jahren zu einer Hypothese, die als Lehre vom »nuklearen Winter« Geschichte geschrieben hat.

Wissenschaftlerinnen und Wissenschaftler versuchten damals zu errechnen, was nach einem nuklearen Krieg geschehen würde. Zwar scheint das relativ müßig zu sein, da allgemein die Überzeugung verbreitet ist, dass bei einem nuklearen Krieg »alles aus« sei. Im Wesentlichen wurde diese allgemeine Meinung auch bestätigt. Und doch war jene Wissenschaft des Düsteren nicht nutzlos, weil sie sich nicht nur mit den direkten Zerstörungen befasste, sondern auch indirekte Effekte, die aber noch gravierender wären, in den Blick nahm. Dabei ging man davon aus, dass dieser Krieg sich vor allem auf der Nordhalbkugel abspielen würde; nicht nur aufgrund der damaligen und ähnlich auch heute bestehenden Konfrontation zwischen der NATO und Russland (damals: die UdSSR), sondern auch aufgrund der Verteilung der Landmassen.

Damals rechnete man mit 24 000 Nuklearwaffen, von denen, wie man annahm, etwa die Hälfte zum Einsatz kommen könnte. Wenn schon der direkte Effekt der Zerstörung alles Vorstellbare übersteigt, so wurde nun der indirekte Effekt herausgearbeitet. Dieser betrifft nicht nur die unmittelbaren Kriegsparteien, sondern auch sehr viele Unbeteiligte. Der Effekt des von Bränden und Explosionen aufgewirbelten Staubs stand dabei im Mittelpunkt. Die Modellrechnungen zeigten, dass Nuklearkriege sicher die Auswirkungen des Vulkanausbruchs des Tambora im Jahr 1816 übertreffen würden. Eine allgemeine Verdunkelung setzte ein, die zu einer teilweise drastischen Abkühlung führte. Dies wiederum ließe, ähnlich wie im Jahr 1816, die Ernten zusammenbrechen. Es könnte sogar zu Totalverlusten kommen. Daher fügten diejenigen Wissenschaftler, die sich mit dem furchtbaren Thema der Modellierung eines Atomkriegs befassten, ihrer Studie den dringenden Aufruf hinzu, Nuklearwaffen schnellstmöglich abzuschaffen.

Das war vor gut vierzig Jahren. Damals verfügten nur die USA, die UdSSR, Frankreich, Großbritannien und China über Kernwaffen. Inzwischen sind mit Israel, Indien, Pakistan und Nordkorea noch mindestens vier weitere Atommächte hinzugekommen. Und die Welt ist insgesamt keineswegs friedlicher geworden, durch Putins Angriffskrieg auf die Ukraine ist auch die Gefahr eines Atomkriegs wieder näher gerückt.

Steht uns eine Zukunft bevor, wie sie der Dichter Lord Byron in seinem Gedicht *Darkness* im Jahr ohne Sommer visionär beschwor?

Die Forschung zu den Auswirkungen von Vulkanausbrüchen hat nicht nur düstere Aspekte. Sie hat auch die unglaubliche Regenerationskraft der Natur entdeckt. Oben hatten wir den Ausbruch des Krakatau erwähnt, der sich am 20. August 1883, einem Montag, ereignete. Damals brach eine Insel von der Größe der Nordseeinsel Föhr in einer Serie heftiger vulkanischer Eruptionen auseinander. Zurück blieb ein Berg, den man »Rakata« nannte und der eine vollkommen leblose, tatsächlich sterile Ödnis darstellte. Der heiße Staub, in dem keinerlei Lebewesen mehr existierten, kühlte sich ab. Was geschah nun?

Bereits im Mai 1884, also neun Monate nach der Explosion, reiste eine französische Expedition zu der Insel, um sie in Augenschein zu nehmen. Doch der Expeditionsleiter schrieb später, er habe kein einziges Lebewesen finden können, mit Ausnahme einer winzigen Spinne, die gerade damit beschäftigt war, ein Netz zu spinnen.

Nun liegt die Insel Krakatau, die vor dem Vulkanausbruch von Regenwald bedeckt war, weit entfernt von allen übrigen Inseln, nämlich zwischen Sumatra und Java inmitten der Sundastraße. Wie also war es jener kleinen Spinne gelungen, auf den Aschehügel zu gelangen? Hier begegnen wir wieder dem Biostaub, jenen Schwebelebewesen, die mit dem Wind transportiert werden. An sich sind es in erster Linie Pollen, Pilzsporen und flugfähige Pflanzensamen oder auch Bakterien, die mit der Luft transportiert werden.

Bei den Spinnen, die normalerweise nicht fliegen können, gibt es sehr kleine Exemplare, die sich auch bei uns im Spätsommer auf die Spitzen von Blättern stellen und einen Faden aus ihren Spinnwarzen herauslassen, der vom Wind hinweggeblasen wird. Daraufhin warten die kleinen Tiere einfach so lange, bis der Zug auf den Faden so stark wird, dass er sie entschweben lässt. So gelangen sie mit dem Wind an weit entfernte Orte, die sie neu besiedeln.

Im Meer kennt man viele Tiere und Algen, die winzig sind und sich allein von Meeresströmungen tragen lassen, das Plankton. Offensichtlich gibt es auch in der Luft eine Art Plankton, und tatsächlich sprechen Biologen vom »Aeroplankton«. So kommt es, dass auf diesem Planeten überall ständig ein Regen von winzigsten Lebewesen niedergeht, und in einigen Wochen und Monaten bilden diese Luftpassagiere schon eine stattliche Anzahl. Sie sind die Pioniere, die selbst ganz sterile Lebensräume, wie eben den von Asche bedeckten Rakata, besiedeln.

Hinzu kommt noch der Staub, der im Gefieder von Vögeln mitreist und in dem sich wieder andere Bakterien, Organismen und auch Parasiten befinden. Sie machen aus der Asche fruchtbaren Boden, auf dem sich dann bald Pflanzen ansiedeln können. So ist der Biostaub jenes geheimnisvolle Elixier, das dafür sorgt, dass es selbst nach schlimmsten Katastrophen eines Tages wieder grünt und blüht.

Und wenn schließlich die ersten Pflanzen aufgewachsen sind, tauchen bald auch größere Tiere auf, zunächst solche, die schwimmen können, andere wiederum, die von Wirbelstürmen mitgerissen wurden, und wieder andere, die auf Treibholz oder auch auf dem Rücken anderer Tiere zu den entlegenen Inseln gelangen und dort ein neues Ökosystem begründen. Was auch immer an Heimsuchungen über die Erde kommen mag – das Leben wird überleben.

BIRNENBLÜTENSTAUB

Pollen kennen viele Menschen als Ärgernis, denn sie können Hautreizungen, verquollene Augen und Heuschnupfen hervorrufen. Und auch diejenigen, die nicht allergisch auf Pollen reagieren, finden Blütenstaub lästig, weil er die Autos mit einer feinen zitronengelben Schicht überzieht und die Fahrt in die

Waschanlage erforderlich macht. Alle paar Jahre blüht die Fichte in Deutschland und staubt dabei so reichlich, dass man, wenn es regnet, von Schwefelregen spricht. Ein Ereignis, das manche Menschen nicht nur tolerieren, sondern feiern. Der schwäbische Künstler Wolfgang Laib hat den Blütenstaub, den er an Sträuchern und Bäumen rund um sein Haus im idyllischen Biberach einsammelte, im New Yorker Museum of Modern Art MoMA und anderswo großflächig auf den Boden geschüttet, in meterlangen Rechtecken, die aus der Ferne zu schweben scheinen. Für seine Blütenstaubkunst, aber auch für andere Werke, wurde Laib mit dem sogenannten *Praemium Imperiale* ausgezeichnet, einer Art Nobelpreis für Künstlerinnen und Künstler. Er erhielt ihn 2015.

Noch besser als die Blütenstaubarbeiten von Laib gefallen mir persönlich die Werke des Künstlers Maximilian Prüfer. Prüfer machte sich im Jahr 2018 zu einer Reise nach China auf und besuchte dort in der Provinz Sichuan im Südwesten, nicht weit von der Provinzhauptstadt Chengdu entfernt, ein idyllisches Tal. Ein Schild am Ortseingang empfing ihn: »Hier entsteht das neue biologische China«. Prüfer schloss sich in dem Ort einem Obstplantagenarbeiter an, der ihn in der Kunst des manuellen Bestäubens ausbildete. Prüfer erhielt ein Marmeladenglas mit Blütenstaub, das er um den Hals hängte, in der Hand hatte er sein Bestäubungsgerät, einen langen, über Dampf gebogenen Bambusstab, an dessen Spitze Hühnerfedern befestigt waren. So ausgerüstet fuhren die beiden auf einem Motorrad in die umliegenden Berge, die allesamt mit blühenden Birnbäumen bewachsen waren. Die weißen Blüten kontrastierten schön mit der roten Erde. Man hörte nur den Wind.

Oben angekommen, stiegen sie ab und gingen in die Berge. Nun begann das Bestäuben. Mit dem Federbusch wurde zunächst etwas von dem Blütenstaub, den die Bauern im Ort aus Birnbaumblüten gewonnen hatten, aufgenommen, dann stupsten sie damit die weißen Blüten an. Um auch die höher gelegenen zu bestäuben, musste man, da menschliche Bestäuber im Gegensatz zu einer Biene nicht fliegen können, auf den Baum steigen. Neben Prüfer und seinem Begleiter waren noch viele weitere Menschen unterwegs, Frauen, Männer und auch Kinder, alle bestäubten die Birnbäume. Stundenlang, tagelang. Denn anders als unsere Birnbäume bringen die Birnbäume in dem chinesischen Tal nicht mehr »von selbst« Birnen hervor.

Einen besonderen Baum hatte Prüfer den Bauern abgekauft, genauer: Seine Ernte hatte er erworben. Zu ihm ging er nun hin, und mit seinem Bestäubungsteleskop brachte er genau an diesem Birnbaum ein wenig Pollen vorsichtig zu einer einzigen Blüte.

Im Herbst desselben Jahres kam er wieder, um zu ernten. An dem von ihm ausgewählten Baum wuchs eine einzige Birne, entstanden aus der Blüte, die er bestäubt hatte, alle anderen Blüten waren fruchtlos geblieben. Diese Birne erntete er und nahm einen Gipsabdruck von ihr, den er später mit Bronze ausgoss.

Als ich Prüfer in Augsburg traf, erläuterte er mir die Hintergründe seiner Kunstaktion. Jenes idyllische Tal war nur dem Schein nach idyllisch, in Wahrheit waren die Ökosysteme weitgehend zerstört, als letzte Folge einer langen Kette geradezu wahnhafter politischer Fehlentscheidungen.

Im Jahre 1958 hatte der Große Vorsitzende Mao Zedong den Kampf gegen die »Vier Plagen« ausgerufen. Mao hatte damals vier in China unbeliebten Lebewesen den Krieg erklärt, nämlich den Mücken, den Fliegen, den Ratten und den Spatzen. Diese vier Übel, so wurde verfügt, sollten von chinesischem Boden ge-

tilgt werden. Die Spatzen sollten vernichtet werden, weil Mao der Auffassung war, dass sie Teile der Ernte fraßen.

Und was der Große Vorsitzende wollte, war im damaligen China Gesetz. Tatsächlich waren 1958 nahezu alle Chinesen auf den Beinen und schlugen ohne Pause auf Pfannen, auf Gongs und auf Töpfe, verfolgten die Tiere mit Lärm, scheuchten nicht nur Spatzen, sondern Singvögel insgesamt auf, wo man sie nur erblickte, in den Bäumen, in Hecken, im Gebüsch, bis diese schließlich erschöpft oder tot vom Himmel fielen. Der Autor Yu C. Kuan, der als Kind Augenzeuge wurde, berichtet in seinem Buch *Mein Leben unter zwei Himmeln*, dass an einem einzigen Tag Millionen von Vögeln umgebracht wurden. Schätzungen gehen davon aus, dass insgesamt durch die Anordnung des Großen Vorsitzenden einige Milliarden Singvögel in ganz China zur Strecke gebracht wurden. Entsprechend still waren auch die auf diesen kollektiven Vogelmord folgenden Frühlinge. Es schien den Menschen wenig auszumachen, nur die wenigen, die, wie der Sinologe Yu Kuan, Gelegenheit hatten, China zu verlassen, konnten die Entdeckung machen, wie schön Vogelgesang am Morgen klingt.

Was Mao Zedong seinerzeit nicht bedacht hatte, war, dass die Spatzen ebenso wie die meisten anderen Vögel, die mit ihnen Opfer der Vernichtungsaktion wurden, kaum Körner, sondern vor allem Insekten fressen. Nachdem die Chinesen die Vögel vertilgt hatten, konnten sich daher Heuschrecken und andere Insekten entsprechend ungebremst vermehren und trugen, indem sie nun tatsächlich die Felder kahl fraßen, zur Großen Hungersnot in China bei, die sich als Folge dieses und anderer Befehle des Großen Vorsitzenden zwischen 1959 und 1961 ereignete.

Nun musste man also etwas gegen die Heuschrecken und andere Insekten tun, nachdem man zuvor deren natürliche Feinde ausgerottet hatte. Man entschied sich für die chemische Keule, jahrelang wurden ungeheure Mengen von Pestiziden versprüht, und der Erfolg stellte sich alsbald ein. Allerdings hatte man, weil Insektizide damals noch weniger als heute zwischen nützlichen und schädlichen Insekten unterscheiden konnten, nicht nur die Schädlinge, sondern gleich alle Insekten umgebracht, auch Bienen, Schmetterlinge, Libellen, Käfer, nur diejenigen ausgenommen, die tief genug in der Erde leben, um vor der Vernichtung geschützt zu sein.

Das Ergebnis ist in vielen chinesischen Regionen bis heute zu sehen. Maximilian Prüfer erzählt, dass in jenem vermeintlich idyllischen Tal, sobald man den Ort selbst verlasse und die umliegenden Hügel besteige, kein einziges Insekt zu sehen sei und auch keine Vögel, auch zur Zeit seines Besuchs nicht, mehr als 50 Jahre nach dem Ende des Krieges gegen die Spatzen.

Die Vorstellung, dass Vögel gefährliche Nahrungskonkurrenten sind, sei weiterhin tief verwurzelt, ein einziges Mal habe er drei Schwalben in dem Tal fliegen sehen, und sogleich habe jemand mit Feuerwerkskörpern nach ihnen geschossen.

Weil aber unter den Insekten auch solche sind, die nützliche, sogar unerlässliche Dienste erweisen, müssen nun die Menschen die Insekten sein und die Arbeit verrichten, welche zuvor die Bienen taten. Alle, auch ältere Männer, klettern in den hohen Bäumen herum, um dort eine Blüte nach der anderen zu bestäuben: »Sie behaupten, dass sie es besser machen als früher die Bienen.« Einfach alles machen die Menschen besser als die Natur!

Prüfer ist weit davon entfernt, mit dem Finger auf China zu zeigen, im Gegenteil, er ist den Landwirten in dem stillen Tal sehr dankbar, die immer hilfsbereit und freundlich waren. Er sagt zu Recht, das Insektensterben gebe es ja auch bei uns in Deutschland. Zwar ist es hier noch nicht so weit, dass von Hand bestäubt werden muss, und es kommt auch hoffentlich nie dazu. Doch nicht ohne Grund gibt es längst Projekte für den serienmäßigen Bau von Bestäubungsrobotern, deren Prototypen zum Beispiel *Robobee* heißen. Man will für den Fall eines weiteren Rückgangs der Insekten vorbereitet sein.

In manchen Gegenden, wie etwa dem Alten Land bei Hamburg, werden mobile Imker während der Blütezeit der Obstbäume bezahlt, weil ihre Bienen die Ernte und die Qualität der Früchte verbessern. Wildbienen, die für die Bestäubung wichtig sind, weil sie auch bei schlechtem Wetter fliegen, sind auch bei uns selten geworden. Hier würde der ökologische Wiederaufbau von alten Kulturlandschaften helfen, denn er schafft neue Lebensräume für diese Insekten.

Der Blütenstaub, der die Ernten sichert, ist vielleicht der kostbarste Staub, der durch die Natur schwebt. Seine Farbe ist meist ein schimmerndes Gelb, und an sich sollte man meinen, dass dieser Staub seit jeher das Interesse der Naturforscherinnen und -forscher angezogen hat. Doch man traute offenbar einem so winzigen Ding nichts Großes zu. Sehr lange wurde er nicht beachtet, erst der Botaniker Rudolf Camerarius (1665–1721) zeigte mithilfe einfacher Experimente und getreu seinem Motto *herbis, non verbis* – mit Pflanzen, nicht mit Worten –, dass Blütenstaub unerlässlich für die Fruchtbildung ist. Und dann war da noch ein fachfremder Forscher, der Altphilologe Christian Konrad Sprengel (1750–1816), dem sein Hausarzt die stille Beschäftigung mit Pflanzen zur Stärkung seiner angegriffenen Nerven verordnet hatte – Sprengel arbeitete als Lehrer und Schulrektor. Den merkwürdigen Rat seines Arztes griff er auf, und indem er von seinem gewohnten Leben abwich, gelangte er auf den Pfad, der ihn berühmt machte. Er veröffentlichte seine Erkenntnisse in einem Werk mit dem schönen Titel *Das entdeckte Geheimniss der Natur* und wies darin schlüssig nach, dass die Blüten nicht etwa zur Erbauung des menschlichen Betrachters geschaffen seien, dass sie keineswegs für unsere Augen, sondern für die Augen der Insekten blühen, die sie mit allen Methoden der Werbung und der Bestechung anlocken, denen im Inneren der Blüte einiges geboten wird: Duft, Farbe, Nektar, den sie schlürfen können, während sie gleichzeitig durch sinnreiche Mechanismen mit Blütenstaub berieselt und bepudert werden, den sie dann in der nächsten Blüte wieder abstreifen; eine Art indirekter, vermittelter Sex.

Zwar brachte die Botanik dem armen Schulmann Sprengel nicht die erhoffte Nervenstärkung – die Universitätsprofessoren wollten von seiner genialen Entdeckung nichts wissen und verhöhnten ihn –, aber bald zeigte sich, dass er recht hatte, und so sicherte ihm sein Werk nachträglich ewigen Ruhm.

Insekten, wie etwa die Biene, sind aus Sicht der Pflanzen Staubboten, für die man etwas Zucker bereithalten muss, während die Blüte aus Sicht des Insekts ein willkommener Nektartopf ist, der etwas staubt. Dieses gegenseitige Missverständnis ist die Grundlage einer fruchtbaren Zusammenarbeit, die nun schon über viele Jahrmillionen währt und für einen sehr großen Teil der heute auf Erden anzutreffenden ökologischen Vielfalt verantwortlich ist.

Unter dem Mikroskop weisen Pollenkörner ganz unterschiedliche Strukturen auf. Fichtenpollen zum Beispiel haben seitlich Ausbuchtungen, gewissermaßen zwei Flügelchen, die ihnen ermöglichen, leichter mit dem Wind zu fliegen. Fichten benötigen keine Insekten, man spricht von windblütigen Pflanzen. Weil sich die Fichte, ebenso wie andere Nadelbäume, nicht darum kümmern muss, Insekten anzulocken, fehlen bei ihr auch auffällige Blüten.

Ganz anders die Seerose. Sie entfaltet eine sehr auffällige farbliche Pracht und duftet zudem. Alles an dieser Blüte ist auf maximalen Effekt ausgerichtet. Und sogar der Pollen ist sinnvoll konstruiert, nämlich so, dass er optimal an den Besuchern haftet: Er hat viele kleine Stachel, die man unter dem Mikroskop gut sehen kann. Die Seerose ist darauf angewiesen, dass Fluginsekten zwischen ihren Blüten unterwegs sind und dabei die Narben bestäuben. Die allermeisten heute lebenden Pflanzen brauchen Insekten als Pollentransporteure, und die Pollen dieser sogenannten insektenblütigen Pflanzen haben, wenn man sie unter dem Mikroskop betrachtet, fast immer recht bizarre Formen, mit denen sie sich an dem Pelz der Insekten festklammern. Auch ein bestimmter Klebstoff, der sogenannte Pollenkitt, mit dem sie die Haftung am Haarkleid der Tiere verbessern, gehört zu ihrer Ausstattung. Daher ist Blütenstaub ein recht klebriger Staub, den man schwer wieder loswird.

Nur etwa jede fünfte Pflanze verlässt sich vollkommen auf den Wind, die Mehrheit beschäftigt lieber Insekten, deren Pollentransport viel sicherer ist, auch wenn ihre Dienste, anders als die Dienste des Windes, entlohnt werden müssen, sie mit Nektar versorgt werden wollen und außerdem noch Werbung in Gestalt von aufwendigen farbigen und duftenden Blüten nötig ist, um sie anzulocken. Es ist ein bisschen wie der Unterschied zwischen einer adressierten und frankierten Postsendung auf der einen Seite und einem Flugblatt auf der anderen. Die Postsendung kostet etwas, aber sie erreicht ihren Empfänger viel zuverlässiger als ein Flugblatt.

Windblütige Pflanzen dagegen brauchen keine Werbebanner in Gestalt lockender bunter Blumen, dafür müssen sie aber viel

POLLENFLUG
FICHTENPOLLEN
BLÜTENPOLLEN

größere Mengen an möglichst flugfähigen Pollen produzieren. Aus diesem Grund haben auch die meisten Allergiker vor allem mit den Pollen windblütiger Pflanzen wie der Haselnuss, der Birke und verschiedenen Grassorten Probleme.

Der Pollen der insektenblütigen Pflanzen fliegt weniger gut, er ist größer, und es werden auch bei Weitem nicht so viele Pollenkörner produziert. Daher ist dieser Pollen für Allergiker meist unschädlich.

Schlecht sieht es aus, wenn die Insekten fehlen. Dann kann die Pflanze noch so strahlend und duftend blühen, die Wesen, für die sie blüht, sehen es nicht; es gelangt kein Blütenstaub mehr von Pflanze A zur Pflanze B. Die Keimbahn ist unterbrochen: Es bildet sich keine Frucht, die Pflanze blüht umsonst.

Blütenpflanzen und Insekten sind befreundet. Sie kommen schon als Freunde auf die Welt. Jedes Detail ihres Körperbaus, ihres Verhaltens weist auf ihre Freundschaft hin. Sie haben sich miteinander entwickelt; die Biene entstand zum Beispiel erst, als es die Blütenpflanzen gab, und diese setzten sich erst mit dem Entstehen der Bienen und anderer Fluginsekten durch. Farne und Moose, die viel älter sind als die Blütenpflanzen und zur Zeit der Dinosaurier noch dominierten, belegen heute nur noch Randzonen in unserer Flora. Wenn man Blüten aufmerksam ansieht, kann man erraten, an welche Insekten sie sich richten – oder auch, an welche anderen Tiere, denn es gibt auch Blüten, die von Kolibris oder Fledermäusen bestäubt werden. Unter den Wundern der ökologischen Natur ist das Abgestimmtsein von Blüte und Insekt, die Bienenhaftigkeit der Blüte und die Blütenhaftigkeit der Biene eines der wichtigsten Beispiele für das, was die Biologen Koevolution nennen. Insofern zeigen die Arbeiten der Künstler Laib und Prüfer auf ihre Weise die Kostbarkeit und Unvergleichlichkeit des Blütenstaubs, der bis in seine Mikrostruktur offenbart, dass die Natur ein großes Ganzes ist, in dem das eine immer nur durch ein anderes existieren kann, in dem alles ineinandergreift, aufeinander abgestimmt ist, und sogar das Allerwinzigste, der unscheinbare Staub einer Blüte, Teil eines riesigen, über Jahrmillionen gewachsenen Gemeinwesens ist, das am Ende auch zu dem führt, was sich die Menschen wünschen: Körbe voller Birnen, Schokolade, Kaffee oder saftige Weinreben.

VIREN, BAKTERIEN UND PILZSPOREN

Der Philosoph Gottfried Wilhelm Leibniz schrieb in seinem Hauptwerk, der *Monadologie*, dass schlechthin alles belebt sei, jedes noch so kleine Staubteilchen sei ein »Garten voller Pflanzen und ein Teich voller Fische«. Leibniz war ein Zeitgenosse der ersten Mikroskopierversuche, bei denen offenbar wurde, dass es noch unterhalb der allerkleinsten damals bekannten Lebewesen einen wahren Zoo von noch viel winzigeren Kreaturen gab, mit dem man nicht gerechnet hatte. Und er zog aus diesen Entdeckungen einen weitreichenden Schluss, so erklärte er nämlich, dass die üblichen Vorstellungen, die wir uns von der Welt und den Lebewesen darin machten, zu einfach seien. Gegen die Philosophie René Descartes', der gelehrt hatte, dass alle Objekte eine klare und bestimmte, mathematisch darstellbare Form hätten, wandte er ein, dass es eine solche klare Form nicht gebe. Nicht nur finde man an allen Dingen winzigste Unebenheiten, für die sich keine exakte Beschreibung angeben ließe, vielmehr würden sich ständig Fragmente ablösen und hinzukommen, wie bei

Herden, zu denen sich auch Tiere neu hinzugesellen würden, während andere sie verließen. Mit dieser verblüffenden Idee hat er die Ergebnisse der modernen Forschung visionär vorweggenommen. Denn tatsächlich zeigen die stärksten Mikroskope, dass alle Objekte in stetem Austausch mit der Umgebung stehen und sich, sobald sie sich in einer normalen Umgebung befinden, sogleich mit einer Schicht von Partikeln umhüllen. Das gilt ganz besonders für Lebewesen und hier vor allem für Menschen. Von unseren Zellen ist nur die Hälfte fest mit unserem Körper verbunden, die andere Hälfte lebt als frei flottierendes Mikrobiom in und auf uns. Und jeder Mensch ist wie *Pigpen* aus den *Peanuts* von einer Staubwolke umgeben, die in der Forschung als *Personal Cloud* bekannt ist.

Woher kommt dieser Staub? Zum Teil handelt es sich um feinste Hautschuppen und um Fasern von unserer Kleidung, doch durch unseren ganz normalen Stoffwechsel und unser Sprechen kommen viele Partikel hinzu, die aus unserem Innern stammen. Selbst bei der ganz normalen Ruheatmung werden zwischen einem und einigen Hundert feinste Tröpfchen ausgeatmet, die aus den Tiefen der Lunge stammen und auch Bakterien oder Viren enthalten können. Beim Sprechen oder Singen steigt diese Rate sogar auf mehrere Tausend bis Hunderttausend Partikel pro Liter, einfach durch die Vibration der Stimmbänder, die Bewegung der Zunge, der Zähne und der Lippen. Als atmende, sprechende, singende und schreiende Wesen emittieren Menschen also jede Menge feinster Partikelchen aus ihrem Inneren.

Und weil wir notgedrungen 24 Stunden am Tag atmen und dabei als Erwachsene zwischen 10 und 25 Kubikmeter Luft bewegen und weil die meisten von uns sich nicht nur mit dem ruhigen Atmen begnügen, sondern gern reden, schimpfen, schreien oder laut singen, entstehen ungeheure Mengen von Partikeln.

Das gilt besonders in geschlossenen Räumen, denn hier können sich Krankheitskeime sehr schnell akkumulieren. Im Freien hingegen werden die Partikel nicht nur rasch verdünnt, sie werden auch abtransportiert und zudem, wenn die Sonne scheint, durch ultraviolettes Licht unschädlich gemacht.

Weil das so ist, weil Menschen, ebenso natürlich wie die Landwirbeltiere, durch ihr bloßes Atmen Partikel emittieren, ergeben sich die Handlungsanweisungen für den Innenraum, die wir alle während der Corona-Pandemie kennengelernt haben, zwangsläufig. Abstand zu halten ist sinnvoll, und je größer der Abstand ist, umso besser. Lüften ist wichtig, um die Konzentration der in der Luft schwebenden Partikel zu verringern. Besonders in Innenräumen. Zudem ist das Tragen von partikelfilternden Atemmasken ein wirksamer, wenn auch kein absolut sicherer Schutz. Die sogenannten FFP2-Masken schützen nicht nur vor Partikeln in der umgebenden Luft, sie filtern auch die ausgeatmete Luft. Das funktioniert freilich nur dann, wenn die Maske relativ frisch ist. Versuche, FFP2-Masken zu recyclen, indem man sie wäscht oder auch im Backofen trocknet, sind aus hygienischen Gründen nicht sonderlich empfehlenswert, weil das feine Vliesgewebe dadurch stark an Wirksamkeit einbüßt. Es besteht nämlich aus einem Material, das leicht aufgeladen ist und dadurch Partikel elektrostatisch anzieht und festhält. Diese Ladung verschwindet, wenn das Vliesgewebe gewaschen oder erhitzt wird.

Covid-19-Viren sind in der Luft praktisch nie isoliert unterwegs, sondern immer als Teil von Tröpfchen, die allerdings sehr klein sein können und sich dadurch lange in der Luft aufzuhalten vermögen. Ein Haar hat ungefähr – wenn es ein hellblondes Haar ist, dunkle Haare sind meist dicker – einen Durchmesser von 20 µm. Ein solches Haar müsste man über hundert Mal zerteilen, um in der Größenordnung der Viren zu landen. Auch die Tröpfchen, an denen die Virionen haften, sind sehr klein, und doch sind sie, wie die Corona-Pandemie gezeigt hat, äußerst wirksam.

Man hat sich nur zu einem anderen Gast umgedreht, um nach dem Salzstreuer zu fragen. Man stand eine Minute in einem Aufzug, in dem zuvor ein Erkrankter fuhr. Und schon war es geschehen ... In Krankenhäusern, in denen Erkrankte liegen, müssen daher die Vorsichtsmaßnahmen noch viel rigoroser sein als in anderen Gebäuden. Dazu zählt häufige Handdesinfektion, das Tragen von spezieller, steril gewaschener Kleidung, von Handschuhen, Haarnetzen und OP-Masken. Diese normale Krankenhaushygiene ist ein wesentlicher Fortschritt, sie reicht aber noch nicht aus, weil sie einen wichtigen Krankheitsüberträger, den von der Luft getragenen Schwebstaub, nicht erfasst.

Besonders in OP-Sälen, aber auch in Produktionsstätten für medizinische Produkte ist es unumgänglich, den potenziell gefährlichen Schwebstaub so weit als möglich auszuschalten. Hier reichen Händewaschen und Desinfektion nicht. Vielmehr hat man schließlich die sogenannten Reinräume erfunden, die sich dadurch auszeichnen, dass alle, die den Reinraum betreten, dies nur in spezieller Kleidung tun dürfen und eine Schleuse passieren müssen, dass der Raum weitgehend abgeschlossen ist und auch keine Fenster hat und dass in ihn nur gefilterte Luft gelangt, wobei ein steter Überdruck dafür sorgt, dass keine Luft von außen eindringt. Solche Räume führte man in den 1960er-Jahren ein, und sie haben weltweit die Ansteckung besonders in OP-Sälen deutlich verringert. Die Systeme wurden dann stetig weiterentwickelt. Weil Reinräume aber eine ungeheure Energie verschlingen – die Luft muss ständig durch dicke Filter gedrückt werden – und weil das Arbeiten darin wenig komfortabel ist, können sie nur in bestimmten besonders gefährdeten Bereichen zum Einsatz kommen. Für andere Räume müssen andere Hygienekonzepte entwickelt werden, wie sie in der Corona-Pandemie ja zum Beispiel für Schulen nicht ohne Erfolg umgesetzt wurden.

Rein naturwissenschaftlich gesehen, sind virengeschwängerte Aerosole ebenso wie luftgetragene Bakterien und die fast allgegenwärtigen Pilzsporen Teil des Biostaubs. Und dieser Teil des Biostaubs macht Probleme, wegen der Epidemien, die er auslösen kann – neben Covid-19 zählen dazu ja auch andere Erkrankungen, die durch Tröpfcheninfektion verbreitet werden, wie zum Beispiel die Tuberkulose. Und nicht nur Menschen sind betroffen, sondern auch Tiere und sogar Pflanzen. Auch Pflanzen können von Bakterien befallen werden, und es gibt bei ihnen ebenfalls Virenerkrankungen, ja eine solche Pflanzenerkrankung, die sogenannte Tabakmosaikkrankheit, war sogar der Ausgangspunkt der Entdeckung der Viren. Denn der Chemiker Adolf Mayer, der die Krankheit untersuchte, zeigte, dass er sie von einer Tabakpflanze zur anderen übertragen konnte, dass sie also ansteckend ist und keine Erbkrankheit darstellt. Doch es ließen sich in dem Saft auch mit besten Mikroskopen keine Bakterien erkennen. Erst viel später entdeckte man, dass es sich um kleinere Wesen, die Viren, handelte, die diese Krankheit auslösen. Viren können sich vermehren, sie sind sogar zur Evolution fähig, können sich also verändern, um sich an neue Umwelten anzupassen, wie die Corona-Pandemie allen klargemacht hat, sie werden aber nicht zu den Lebewesen gerechnet, weil sie keinen eigenen Stoffwechsel haben, sondern sich von den echten Lebewesen versorgen lassen, von Menschen, Tieren, Pflanzen oder auch von Bakterien, die sie ebenfalls befallen.

Das Tabakmosaikvirus hat eine stäbchenartige Struktur; und es ist kein Zufall, dass gerade dieses Virus das allererste war, dem man auf die Spur kam. Denn es ist ausgesprochen resistent, wie man schon daran sieht, dass es sich ausgerechnet in einer sehr giftigen Pflanze eingenistet hat; es widersteht aber nicht nur dem Nikotin, sondern auch hohen Temperaturen, und die Virenfamilie, der es angehört, ist eine der weltweit meistverbreiteten. Doch wie kommt dieses Virus von einer Pflanze zur nächsten? Anders als Menschen pflegen Pflanzen sich ja nicht zu bewegen, sie atmen zwar, aber nicht so, dass dabei feine Tröpfchen entstünden. Dem Tabakmosaikvirus reicht es aber, wenn einzelne Pflanzen sich berühren, um von einer zur anderen zu gelangen. Zudem nimmt es dankbar die Dienste der Menschen, die Tabakpflanzen kultivieren, in Anspruch, denn auch Menschen können unabsichtlich Viren von einer Pflanze zur anderen übertragen, wobei insbesondere verletzte Pflanzenteile Einfallspforten für die Viren sind, ganz ähnlich wie auch beim Menschen die Viren nicht durch die gesunde Haut der Hände eindringen, sondern oft ebenfalls über Wunden oder auch über die Schleimhäute.

Der krankheitserregende Biostaub ist für die Menschen, die sich um ihre eigene Gesundheit und um die Gesundheit ihrer Nutztiere und Nutzpflanzen sorgen, vor allem Anlass zur Sorge.

Doch wie es dieser Biostaub überhaupt schafft, von einem Wirt zum nächsten zu gelangen, und wie er in einer ihm feindlich gesinnten Umwelt überlebt, ist mehr als erstaunlich. Viren, Bakterien und Pilzsporen hat man nicht nur in der Stadtluft, sondern auch in Wolken und sogar in den höchsten Schichten der Atmosphäre, an der Grenze zum Weltall, nachgewiesen. Sie sind die widerstandsfähigsten Lebewesen, die es gibt, sie müssen fähig sein, Hitze, Kälte, Trockenheit und harte Strahlung zu überstehen.

Sie haben weder Beine noch Flügel und können sich doch bewegen, und das tun sie entweder, indem sie mit beweglichen Lebewesen, mit Insekten oder auch mit Menschen mitgehen, oder auch, indem sie sich, wie aller Staub, dem Wind anvertrauen, der sie emporhebt und in neue Gefilde trägt …

Und damit kommen wir zum Schluss wieder auf Leibniz zurück. Dieser hatte nämlich die winzigen Wesen, die das Mikroskop zeigte, als durchweg positive Erweiterungen der Schöpfung bis ins unendlich Kleine angesehen. Dass in diesem Minizoo auch keineswegs harmlose Lebewesen und Quasi-Lebewesen unterwegs sind, die Krankheit und Tod bringen, konnte er nicht wissen und ahnte es nicht einmal. Und doch darf man davon ausgehen, dass es seine Haltung nicht erschüttert hätte. Er hätte darauf hingewiesen, dass diese kleinen Wesen höchst sinnvoll und bewundernswert konstruiert sind, und hätte wiederholt, was er einst dem Mathematiker Johann Bernoulli schrieb, dass nämlich im kleinsten Materieteilchen »Welten verborgen sind, die der unseren an Vielfalt und Schönheit nicht nachstehen«.

Vielleicht würden moderne Virologen diese ungebremste Begeisterung nicht völlig nachvollziehen können, doch in einem würden sie zustimmen: Ohne Faszination, ja sogar Liebe kann man auch die gefährlichsten Viren und Bakterien nicht erforschen.

STERNENSTAUB

In früheren Zeiten galten Kometen als Vorboten von Umstürzen und Epidemien, weil sie die allgemeine Ordnung am Himmel durcheinanderbrachten. Und weil die sichtbare, leuchtende Gestalt mancher Kometen, mit viel Fantasie, an ein Schwert erinnert oder an eine Rute, hielt man sie außerdem für Ankündigungen eines göttlichen Strafgerichtes.

Sternschnuppen dagegen erfreuten sich schon immer großer Beliebtheit, da, wie jeder weiß, ein Wunsch, den man ausspricht oder denkt, während man eine Sternschnuppe sieht, garantiert in Erfüllung geht.

Beide, Kometen und Sternschnuppen, die schlechten und die guten Himmelszeichen, hängen zusammen, sind im Grunde ein und dasselbe, nämlich Staub. Der Schweif der Kometen ist eigentlich ihre *Personal Cloud*, ihre Staubspur, die die bröckeligen Dinger auf ihrem Irrweg durchs All hinterlassen und die als Sternschnuppenstrom in Erscheinung tritt, wenn die Erde diese Spur durchquert.

Der österreichische Offizier Wilhelm Freiherr von Biela, ein Liebhaber der Astronomie, hatte das Glück, im Jahre 1826 als Erster einen Kometen mit seinem Fernrohr zu entdecken, der dann auch auf seinen Namen getauft wurde. Dieser Komet kehrte nach sechs Jahren wieder und erschien nach weiteren sechs Jahren erneut. Doch schon bei seiner dritten Wiederkehr, im Jahre 1845, zeigte sich, dass er in zwei Teile zerrissen war. Aus alten Zeichnungen des Kometen wissen wir, dass er deswegen einen rätselhaften, unheimlichen Anblick bot. Der eine Teil des Kometen sah nämlich aus wie eine Geisterhand, die einen leuchtenden Stein hält. Daneben bewegte sich in dieselbe Richtung der andere Teil, der einfach wie ein kleines Wölkchen aussah. Bei

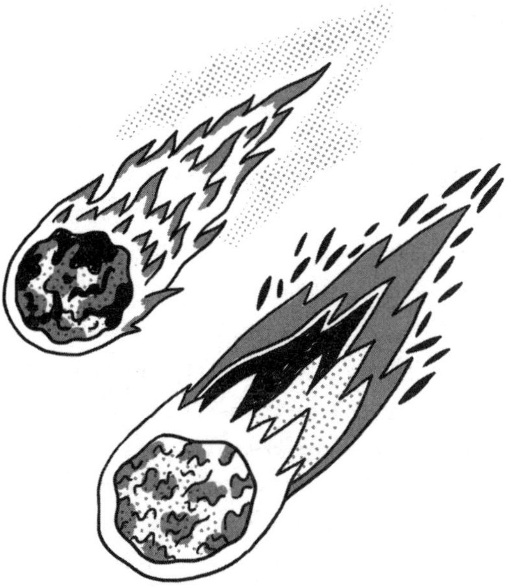

der vierten Wiederkehr im Jahre 1852 waren die Teile noch mehr voneinander getrennt. Dann aber war der Komet nach Vollendung einer neuen Umlaufperiode überhaupt nicht mehr sichtbar, man zählte ihn schon zu den verschollenen Nomaden im All. Doch im Jahre 1872 zeigte sich in derselben Gegend des Himmels, aus der dieser Komet kommen sollte, ein riesiger Sternschnuppenschwarm. Und auch 1885 wiederholte sich die Erscheinung. Damit war klar, dass sich der Komet nicht nur in zwei Teile, sondern in eine ungeheure Vielzahl von Partikeln aufgelöst hatte, in Sternenstaub, der uns als Sternschnuppe ein wunderbares Schauspiel bietet. Diese Sternschnuppen strömen scheinbar aus dem Sternbild der Andromeda, deshalb nennt man sie Andromediden. Man kann sie heute noch sehen, wenn auch nicht so reichlich wie ehedem; so habe ich sie in den frühen

Morgenstunden einer Novembernacht vor einigen Jahren beobachtet.

Auch bei anderen berühmten Sternschnuppenerscheinungen konnte man zeigen, dass es sich eigentlich um die in der Erdatmosphäre aufglühende *Personal Cloud* von Kometen handelt. So beobachtete Alexander von Humboldt gemeinsam mit seinem Begleiter Aimé Bonpland im November 1799 über dem Orinoko eine solche Fülle von Sternschnuppen, dass mehr Sternschnuppen als Sterne zu sehen waren. Humboldt war begeistert, konnte sich das Phänomen jedoch damals nicht erklären, der italienische Astronom Giovanni Schiaparelli errechnete aber, dass es sich auch hier um die Spuren eines zerfallenden Kometen handelte. Schiaparelli sagte, seiner Theorie folgend, auch ein erneutes Auftreten dieses Sternschnuppenstromes vorher, das dann eintreten sollte, wenn die Erde erneut die Staubbahn jenes Kometen kreuzte. Als jedoch am errechneten Datum das Spektakel ausblieb, waren das Publikum und auch die Fachwelt enttäuscht. Später stellte sich heraus, dass Schiaparelli grundsätzlich recht gehabt und nur übersehen hatte, dass es im Sonnensystem einen riesigen Störfaktor gibt, der seine Vorhersagen durchkreuzte, nämlich den Planeten Jupiter, der den im Sonnensystem befindlichen Sternenstaub und die Kometen aufgrund seiner schieren Masse anzieht und daher die Berechnungen des Mailänder Astronomen verfälscht hatte. Der Italiener hatte nur den allergrößten Staubsauger berücksichtigt, die Sonne nämlich, auf die sich alle Kometen zubewegen, um hinter ihr dann wieder umzukehren. Heute wissen wir, dass die Sonne nicht nur anzieht, sondern auch abstößt, das Leben der Staubpartikel im All ist also alles andere als einfach. Der größte Teil der bekannten Sternschnuppenschwärme besteht aus den zerfallenen Staubteilchen aufgelöster Kometen. Zu dieser sicheren Erkenntnis gelangte man bereits in der zweiten Hälfte des 19. Jahrhunderts durch den systematischen Vergleich von Sternschnuppenströmen mit den Bahnen von Kometen. Auch Bielas Komet trug dazu bei, zu erkennen, was eigentlich die Ursache von Sternschnuppen ist. Denn bei ihm konnte man buchstäblich zuschauen, wie er in seine Einzelteile zerfiel. Er tat den Astronomen zudem den Gefallen, in einer relativ kurzen Zeit wiederzukehren – sonst sind die Wege von Kometen oft viel weitläufiger, was es natürlich sehr erschwert, sie im Laufe eines Astronomenlebens wiederzusehen.

Nun habe ich schon viel über Sternschnuppen und Kometen erzählt, doch woraus bestehen diese Erscheinungen eigentlich? Die Antwort ist recht simpel: Kometen sind im Grunde schmutzige Schneebälle oder schneeige Schmutzbälle, denn sie sind – ganz ähnlich wie die dreckigen Schneehaufen in den Städten – Partikelansammlungen, die von Eis zusammengehalten werden.

Während die Schneehaufen in den Städten aber neben zusammengebackenem Schnee vor allem Ruß, Reifenabrieb, Schadstoffe und Splitt enthalten, finden sich in den Kometen neben Eis, festem Kohlendioxid und Ammoniak vor allem Metallpartikel, insbesondere Eisen. Wenn sie nun der Sonne nahe kommen, wird es wärmer, das Eis schmilzt oder verdampft, der Komet löst sich auf, zurück bleiben die festen Partikel. Dabei sind Kometen selbst bereits Reste, und zwar Reste, die bei der Bildung des Sonnensystems übrig geblieben sind. Dieses Sonnensystem hat sich bekanntlich, so vermutet man jedenfalls, aus einer Art Urnebel, einer Urstaubwolke, herausgebildet, es entstanden die Sonne und die Planeten. Doch schon bei der Bildung des Sonnensystems zeigte sich, was seither das Gesetz dieser Welt ist: Es bleibt immer ein Rest. Und dieser Rest sind im All die Staubwolken und die Kometen, die umherirren und Chaos verbreiten. Auf ihrer langen Bahn zerbröseln sie auch noch und hinterlassen eine Staubspur. Treten ihre Partikel in die Erdatmosphäre ein, dann erzeugen sie ein sichtbares Leuchten, und ab einer bestimmten Größe verglühen sie auch. Sehr große Stücke können sogar noch heiß auf dem Erdboden ankommen, und es ist vorgekommen, dass sie zum Beispiel Strohdächer entzündet haben. Da fällt einem dann also tatsächlich der Himmel auf den Kopf.

Insgesamt ist es aber nicht viel kosmisches Material, das auf diese Weise auf die Erde niederregnet. Immerhin gehen Schätzungen von täglich einigen wenigen bis einigen Tausend Tonnen aus, die sich allerdings über die gesamte Erdoberfläche verteilen. Und weil es unten bei uns auf der Erde ohnehin recht staubig ist, lassen sich die kosmischen Staubkörner praktisch nicht mehr von irdischen unterscheiden, wenn sie einmal in tiefere Luftschichten vorgedrungen sind und von da an sanft auf den Boden herabgleiten.

Man hat jedoch eine Methode entwickelt, die Mikrometeoriten, also die feinen Partikel aus dem All, schon in großen Höhen abzufangen, ehe sie in den Staub der bodennahen Atmosphäre eintauchen und darin unauffindbar werden. Auf den Tragflügeln von sogenannten Stratosphärenflugzeugen, die ungefähr in 20 Kilometern Höhe unterwegs sind, weit über den Wolken und in Sichtweite zum Weltall, brachte man spezielle Staubfänger an, die ihre Oberfläche erst in großer Höhe exponieren. Wenn dort oben ein Staubkorn auf einen solchen Staubfänger trifft, dann ist die Wahrscheinlichkeit, dass es aus dem All gekommen ist, außerordentlich hoch. Staub, den man in tieferen Schichten sammelt, ist dagegen schon ein Gemisch aus weit überwiegend irdischen und außerirdischen Quellen.

Spricht man mit Astrophysikern und Astrophysikerinnen, dann äußern die sich begeistert über die Rückschlüsse, die durch ein Studium dieser winzigen Staubpartikel möglich sind. Sie stammen nämlich aus der Frühzeit des Sonnensystems und bergen daher interessante Informationen, wenn man sie mit modernen Analysemethoden untersucht. Wie schon gesagt haben mir mehrere Astrophysiker bestätigt, dass es winzige Staubpartikel gibt, die Gegenstand mehrerer Abhandlungen wurden. Und sie haben seit langer Zeit die Fantasie angeregt – gibt es doch die Theorie, dass das Leben, in Gestalt von Mikroorganismen, mit solchen winzigen Raumfähren von anderen Orten des Alls zur Erde gelangt sein könnte. Immerhin hat man auf Meteoriten bereits Aminosäuren nachweisen können, die Bausteine des Lebens. Mehr allerdings nicht.

Noch auf dem kleinsten irdischen Staubkorn finden sich komplexere Strukturen als auf allen bislang aufgefundenen Proben von kosmischem Staub.

4

Mensch und Staub: eine Hassliebe

Wir Menschen sind voller Widersprüche. Staub macht uns einerseits Angst, wir versuchen alles Erdenkliche, um ihn loszuwerden, andererseits bereitet es uns Freude, ihm zuzusehen: Die im Sonnenstrahl vollkommen geräuschlos und schwerelos tanzenden Staubpartikel haben etwas Faszinierendes, werden Sonnenstäubchen genannt, obwohl es sich an sich eher um Dreck handelt.

Und auch im praktischen Leben geht es ebenso widersprüchlich zu. Einerseits schützen wir unsere Möbel und unsere Technik vor Staub, wischen die Oberflächen regelmäßig ab, schützen Festplatten durch vielfache Filter und setzen, durch leidvolle Erfahrungen klug geworden, Geräte ein, die Staub an Arbeitsplätzen usw. absaugen. Andererseits haben Menschen nicht nur zahlreiche neue Staubarten, sondern auch ungezählte Geräte erfunden, um Staub zu erzeugen, vom Zerstäuber des Parfümfläschchens über Mörser und Mühle bis hin zur Einspritzdüse im Dieselmotor.

Staub für sich arbeiten zu lassen, seine Eigenschaften zu nutzen, ist eine hohe Kunst, die aber keineswegs erst seit dem Hightech-Zeitalter geübt wird. Und es geht auch keineswegs nur um sehr spezielle Zwecke wie das Auftragen von Parfüm oder die Optimierung der Leistung von Medikamenten oder Verbrennungsmotoren. Gerade für sehr grundlegende Dinge ist Staub aufgrund seiner besonderen Fähigkeiten unerlässlich. Doch wo immer man ihn nutzt, sollte es mit Umsicht geschehen. Denn fast immer unterschätzen wir die Potenziale des Staubes. Um ihnen auf die Spur zu kommen, lohnt es bisweilen, Tiere zu beobachten.

STAUB FÜR DIE REINHEIT

Die Spatzen suchen sich gern staubige Orte, wie etwa die Ecken von Sandkästen oder auch ausgetrocknete Pfützen, schaufeln sich mit den Flügeln reichlich Staub übers Gefieder, lassen ihn durchrieseln und schütteln ihn dann aus. Ähnliches tun sehr viele andere Vögel, darunter auch Haushühner oder Tauben.

Der Staub wirkt in den Chitinpanzern der Parasiten, die im Gefieder der Vögel sitzen, wie Sand in der Rüstung eines Ritters, er irritiert sie und veranlasst sie, loszulassen. Und nicht zuletzt wirkt der Staub austrocknend. Es scheint aber, unabhängig von diesem nützlichen Effekt, den Tieren einfach Genuss zu bereiten, sich den warmen Staub durch die Federn rieseln zu lassen.

Nicht nur Vögel lieben Staubbäder, auch bei zahlreichen Säugetieren kennt man diese merkwürdige Sitte, bei großen, wie den Elefanten, ebenso wie bei kleinen, etwa bei den Chinchillas. Diese wegen ihres weichen Fells berühmten Wollmäuse aus den amerikanischen Anden sollen ganz versessen auf Staubbäder sein, und Halter dieser Tiere müssen daher immer reichlich feinsten Staub auf Vorrat haben.

Das Staubbaden der Tiere werden die Menschen schon früh beobachtet haben. Und sie haben es für ihre Zwecke adaptiert. Wenn Tiere mit Staub ihr Fell reinigen, könnte man das ja auch ausprobieren. Und es klappt tatsächlich! Heute noch verwenden Kürschner Holzmehl, um Felle zu reinigen. Felle kann man nämlich nicht mit Wasser waschen, weil sie dann hart werden. Daher werden sie, wie es im Fachjargon heißt, »geläutert«. Man pudert sie mit fein gepulvertem Buchenholzmehl ein und walkt sie, anschließend wird das Mehl herausgeklopft. An ihm hängen dann nicht nur etwaige Schmutzpartikel, sondern auch Fettspuren. Sie kleben an den trockenen Holzpartikeln und können mit ihnen herausbefördert werden. Wenn man dies mehrfach wiederholt, kann ein ganz schmutziges Fell sehr sauber werden. Der Läuterungseffekt beruht darauf, dass größere Partikel kleinere anziehen und binden. Diesem Effekt sind wir nun schon öfter begegnet, etwa bei den Schneeflocken, die durch die verschmutzte Stadtluft segeln. Man kann ihn auch sehr gut in der Badewanne studieren, wenn kleinere Schauminselchen sich an größere anlagern. Auch im Sprudelglas sieht man öfter kleinere

Bläschen, die sich an die Ränder von größeren drängen, bis schließlich alle miteinander zerplatzen.

Man kann diese Phänomene technisch nutzen und zum Beispiel feine Glasbläschen, die das Glas trüben, entfernen, indem man größere Bläschen durch die Schmelze hindurchblubbern lässt, wodurch die kleinen Bläschen mitgerissen und entfernt werden. Und genauso funktioniert die Reinigung mithilfe von Staub, indem man gröberen Staub hinzufügt, der dann den kleineren gewissermaßen mitnimmt. Ein etwas verstaubter Besen kehrt besser als ein ganz neuer, ein Staubsauger mit einem halb gefüllten Beutel saugt gründlicher, weil der darin befindliche Staub weitere Partikel anzieht.

Staub ist also ein wirksames Mittel gegen Staub! Diese Tatsache sollte zu denken geben. Könnte sie sich vielleicht auch in der Wasseraufbereitung nutzen lassen? Denn wie trübe sehen viele Quellen und Bäche aus – und was trübe ist, das sollte man besser nicht trinken, wenn man nicht krank werden will. Tatsächlich kann auch hier Staub helfen, in diesem Fall die sogenannte Kieselgur, feinpulverige Reste von Kieselalgen. In dem Wort steckt der Kiesel, und auf Kieseln leben diese Algen gern, weshalb sich im Sommer Flusskiesel, die man nahe dem Ufer aufsammelt, eigenartig mehlig anfühlen und von einer weißlichen Schicht umhüllt sind. Früher dachte man, diese Schicht sei irgendwie aus den Kieseln herausgekommen, als Ergebnis eines Gärungsprozesses, daher der Name »Gur«. Tatsächlich aber handelt es sich um die Reste winziger Wasserorganismen, eben der sogenannten Kieselalgen, kleine einzellige Lebewesen, die in einer sehr bizarr geformten Schale aus Kieselsäure leben. Wenn diese Lebewesen sterben, bleibt ihre Schale übrig.

Mancherorts haben sich aus solchen Schalen meterhohe Ablagerungen gebildet, die von ehemaligen Seen zeugen, die dann verlandet sind. Es sind weiße Pulver, die sich wie Mehl anfühlen und früher tatsächlich auch direkt als »Bergmehl« bezeichnet wurden und die man auch, obwohl dieses rein mineralische Pulver keinerlei Nährwert hat, in Hungerzeiten dem Mehl hinzugefügt hat. Diese Verwendung als Streck- und Füllstoff war nachvollziehbar, sie wurde später von einer anderen abgelöst, indem man aus der Kieselgur einen Wärmedämmstoff herstellte.

Dann aber, gegen Ende des 19. Jahrhunderts, beobachtete der Ingenieur Wilhelm Berkefeld, der eine Kieselgurgrube besaß, dass das Wasser darin immer kristallklar war. Aus dieser einfachen Beobachtung, die sicher vor ihm schon Tausende andere gemacht hatten, schloss er, dass sich Kieselgur wohl für das Filtrieren von Trinkwasser eignen würde. Ähnlich, wie man Kaffeefilter aus Papier presst, stellte er daraufhin aus Kieselgur »Filterkerzen« her, die in der Tat in der Lage sind, Wasser keimfrei zu filtern. Dass dies für das Leben und Überleben besonders in Krisengebieten von entscheidender Bedeutung ist, leuchtet sogleich ein. Das Wasser wird mikrobiologisch gereinigt, das heißt, auch Bakterien werden entfernt, weil sie sich an die feinen Strukturen der Kieselgur-Partikel so ähnlich anlagern wie der Schmutz der Stadtluft an den Schnee. Auch während der damals wütenden Cholera-Epidemie bewährten sich die Wasserfilter und retteten sehr vielen Menschen das Leben. Sie sind bis heute im Einsatz und aufgrund ihrer Zuverlässigkeit und einfachen Handhabung auch in Zivilschutz-Einrichtungen in Gebrauch. Weil durch verschmutztes Trinkwasser viele Krankheiten, etwa die Ruhr oder eben die Cholera übertragen werden, haben die Berkefeld-Filter eine ganz wesentliche gesundheitliche Bedeutung.

Neben der schneeweißen Kieselgur spielt bei der Abwasserreinigung auch die rabenschwarze Aktivkohle eine wichtige Rolle. Sie bindet ebenfalls, so schwarz sie auch sein mag, Bakterien. Es handelt sich um Pflanzenkohle, die schonend verschwelt wird und eine sehr große innere Oberfläche hat. Lässt man verschmutztes Wasser über einen Aktivkohlefilter laufen, dann ist das Filtrat klar und kann meist getrunken werden.

Auch zur Behandlung von Magenproblemen oder bei vielen Vergiftungen wird Aktivkohle verabreicht, da sie auch in unserem Körper Bakterien anzieht, einsammelt und abführt bzw. Giftstoffe bindet. Dass dieses schwarze Zeug tatsächlich reinigt, wussten schon die Menschen früherer Zeiten, denn zum Beispiel in den Bergregionen der Alpen war es üblich, sich abends die Zähne mit Ruß aus dem Ofenrohr zu reinigen. Das ist keineswegs bäurisch-dumm, sondern ausgemacht schlau, denn der Ruß aus dem Ofenrohr ist eine Art Aktivkohle, an die sich die Bakterien, die auf den Zähnen sitzen, anlagern. Zugleich nimmt der Ruß auch Geruchsstoffe auf und macht den Atem mild. Dieses alte Wissen um die Zahnreinigungskraft der Aktivkohle hat man in jüngster Zeit offenbar wiederentdeckt; man kann inzwischen Aktivkohletabletten oder auch Aktivkohlepulver zur Zahnreinigung erwerben.

Aktivkohle ist ebenso wie Kieselgur ein nur von Menschen verwendeter Feinstaub. Doch die Tierwelt kennt ähnliche Mittel. So verzehren Papageien, wenn sie bestimmte unbekömmliche Früchte verspeist haben, zwar keine Kohletabletten, wohl aber bestimmte feinpulvrige Erden, die einen ähnlichen Effekt haben. Eine Art Heilerde, die Bakterien und Giftstoffe bindet und die sie an Flussufern und Böschungen abknabbern, um ihre Gedärme wieder zu beruhigen.

STAUB FÜR DIE KUNST

Jede Kunst, jedes Handwerk erzeugt Staub, meist als unbeabsichtigtes Nebenprodukt, das am Ende des Werktages zusammengekehrt und in die Tonne geworfen wird. Die vielleicht schönste aller Künste, die Malerei, macht es umgekehrt, sie arbeitet unmittelbar mit Staub. Seit vielen Jahrtausenden, lange ehe sie zu schreiben begannen, malen die Menschen. Die Kunstwerke in den Grotten von Altamira oder Lascaux sind über 30 000 Jahre alt, und sie sind sicher nicht die ältesten. Die Malereien in Altamira wurden mit Ocker ausgeführt, auch Kreide und Kohle wurden verwendet. Sie alle weisen eine hohe Haltbarkeit auf, was sie von Pflanzenfarben unterscheidet, die fast immer mit der Zeit verblassen.

Gemalt wurden sehr oft Tiere, und die Lebendigkeit der Darstellung teilt sich bis heute mit. Vielfach wurden außerdem Negative von menschlichen Händen abgebildet, dabei verwendete man eine Art Airbrushtechnik. Bei dieser Technik wird das pulverisierte Pigment in einen hohlen Vogelknochen gebracht und dann auf die feuchte Wand geblasen. Als Picasso die Gemälde in der Grotte von Lascaux sah, soll er ausgerufen haben: »Wir haben nichts dazugelernt!«

Dieser Ausspruch bezog sich auf die künstlerische Qualität. Er gilt aber auch für die zugrunde liegende Technik. Denn seit Altamira und Lascaux besteht Malerei darin, staubfeine Farbpartikel auf geschützte Oberflächen zu bringen. Das waren in früheren Zeiten Höhlenwände, später Holzwände oder Tempelwände, schließlich Leinwände. Das Phänomen ist immer dasselbe, dass nämlich staubfeine Teilchen an Oberflächen haften – das gemalte Bild bleibt stabil. Man kann zusätzlich mit klebrigen Substanzen nachhelfen; bei der Höhlenmalerei wurde zum Beispiel Tierfett benutzt, doch es geht auch ohne. Staub hat es an sich, dass er auf porösen Oberflächen haftet. Daher wird heute zwar oft mit bestimmten Bindemitteln, mit Leinöl oder Eigelb oder chemischen Substanzen gemalt, doch es kommen auch weiterhin Kreide, Kohle, Rötel oder Bleistift zum Einsatz. Daher hat Picasso im Wesentlichen recht.

Den Künstlerinnen und Künstlern der Neuzeit und erst recht der Moderne standen weitaus mehr Farben zur Verfügung, doch ein Fortschritt war das nur bedingt. Denn während die Malerinnen und Maler von Lascaux und Altamira ausschließlich mit ungiftigen, natürlichen Pigmenten arbeiteten, die man sogar hätte essen können, experimentierten spätere Künstlerinnen und Künstler recht sorglos mit schönen, aber problematischen Farben.

Zu den weltweit berühmtesten Gemälden zählt sicherlich die *Sixtinische Madonna*, die in der Gemäldegalerie »Alte Meister« in Dresden zu sehen ist. Wohl noch bekannter als die Hauptfiguren des Bildes, Maria mit dem Jesuskind, sind zwei Putten am unteren Bildrand, die zu wahren Ikonen der internationalen Populärkultur wurden.

Betrachtet man dieses Bild, diesen wohl größten Schatz der an Schätzen reichen Dresdener Museen, mit den Augen eines Chemikers, dann handelt es sich um toxischen Sondermüll. Denn Raffael, von dem das Bild stammt, verwendete wie auch die anderen Maler seiner Zeit reichlich effektvolle, aber bedenkliche Substanzen. Für die weißen Wolken des Bildes, die sich bei näherem Hinsehen als Engel entpuppen, nutzte er zum Beispiel Bleiweiß. Das ist ein Pigment, das seit der Antike bekannt ist und aus Blei hergestellt wird. Dieses Bleiweiß ergibt einen ganz ausgezeichneten warmen Weißton, es lässt sich zudem beliebig

DIE SIXTINISCHE MADONNA, RAFFAEL 1512/13

fein zerreiben, was dazu führt, dass Bleiweiß von Künstlern und Künstlerinnen weiterhin geschätzt wurde. Es ist rein und schön, aber auch pures Gift, weshalb es in der zeitgenössischen Kunst kaum noch zum Einsatz kommt. Dagegen ist es so allgegenwärtig in der älteren Kunst, dass seine Abwesenheit in einem vermeintlich alten Bild ein nahezu sicheres Indiz für eine Fälschung ist.

Blei hatte in der Alchemie das Symbol des Saturn. Die Erkrankung, die es auslöst, wird als Saturnismus bezeichnet. Zu den Symptomen einer Bleivergiftung zählen neben Magenkrämpfen vor allem neurologische Erscheinungen, wie Gliederzittern, Kopfschmerzen, Desorientierung, Schlaflosigkeit, aber auch Aggressivität und Inaktivität. Das Zahnfleisch verfärbt sich schwärzlich, weil sich Bleisulfid ablagert, der Atem riecht übel.

Damit kommen wir wieder auf Raffael zurück. Schon der Begründer der modernen Arbeitsmedizin, der italienische Arzt Bernardino Ramazzini, der in Modena wirkte, erwog in seiner genialen, sehr unterhaltsamen Abhandlung über *Die Krankheiten der Handwerker*, die im Jahre 1700 publiziert wurde, ob Raffaels früher Tod nicht womöglich mit den giftigen Farbpigmenten, mit denen er hantierte, zu tun gehabt haben könne. Recht boshaft sagt er, dass Maler zwar gewöhnlich die Menschen, die sie malen, schöner aussehen ließen, als sie tatsächlich sind. Sie selbst aber wirkten meist viel weniger gesund, als man aufgrund ihres Alters erwarten würde.

Über die Ursachen des frühen Ablebens von Raffael, der nur 39 Jahre alt wurde, gibt es natürlich unterschiedliche Theorien, die sich allesamt im Nachhinein nicht mehr belegen lassen. Sicher ist aber, dass tatsächlich viele Maler aufgrund der Farbpigmente, mit denen sie damals (und teilweise auch noch in der Gegenwart) arbeiteten, schwere Gesundheitsschäden davontrugen. Ein qualvoller, früher Tod war nicht selten. Ramazzini nennt als Beispiel einen namentlich nicht genannten Künstler, der in der französischen Stadt Angers tätig war. Diesen hätten regelmäßige Zitteranfälle an den Händen und Fingern heimgesucht, und schließlich sei er von sehr starken Schmerzen in Magen und Unterleib gequält worden, die, wie Ramazzini ausführt, nur erleichtert werden konnten, wenn sich bei einem Anfall mehrere Männer mit der Last ihrer Körper gegen seinen Bauch stemmten. Letztlich starb dieser Mann unter schrecklichen Qualen. Über die Ursache der Erkrankung tappten die Ärzte im Dunkeln, doch gab später einer der damals herbeigerufenen Mediziner, ein gewisser Jean Fernel, in einer seiner Schriften einen wichtigen Hinweis. Er erklärte, dass dieser Maler seine Pinsel nicht mit den Fingern abgewischt habe, sondern sie einfach in den Mund genommen und abgelutscht habe, um sie so schneller wiederverwenden zu können. Und bei dieser Gelegenheit nahm er dann natürlich große Mengen der giftigen Pigmente auf. Neben dem Bleiweiß sind hier der Zinnober, eine Quecksilberverbindung mit rotem Farbton, und auch das Auripigment und das Realgar, zwei giftige Arsenverbindungen, zu erwähnen.

Doch selbst diejenigen Künstlerinnen und Künstler, die nicht auf die Idee kamen, ihre Pinsel abzusaugen, waren damit der Gefahr, die von ihren giftigen Pigmenten ausging, noch nicht entronnen. Denn der giftige Staub findet auch auf andere Weise seinen Weg in den Körper. Sehr viele Kunstschaffende bereiteten ihre Farben in früheren Zeiten selbst zu, zerrieben die Stoffe also in Mörsern und vermischten sie, je nach Maltechnik, mit Leinöl oder auch Eigelb, um sie dann auf den Farbgrund aufzutragen. Auch bei diesen Schritten werden zwangsläufig Pigmente mobilisiert, gelangen in die Luft, werden eingeatmet, gelangen auf die Haut, unter die Haut und von dort ins Innere des

Körpers. Es ist eigenartig, dass die erheblichen Gefahren, die von den Materialien ausgehen, so lange unterschätzt oder ignoriert wurden. Offenbar sind viele Künstlerinnen und Künstler so von ihrem Schaffen hypnotisiert, dass ihnen ihre Gesundheit gleichgültig ist.

Das gilt auch für die sogenannte Moderne. Denkt man etwa an die berühmten Gemälde des Malers Vincent van Gogh, so sind darunter auch einige mit grünem Hintergrund – das ist nichts anderes als das »Schweinfurter Grün«, eine äußerst giftige Arsenverbindung. Man kann zwar nicht mit Bestimmtheit sagen, ob die Umnachtungen und depressiven Verstimmungen van Goghs etwas mit seinen Farben zu tun hatten, vermutet wurde es allerdings schon oft. Andere Krankengeschichten sind eindeutiger, etwa die des berühmten brasilianischen Malers Candido Portinari, der 1962 in Rio de Janeiro starb. Bei ihm bestehen keine Zweifel, dass er an einer durch seine Farben verursachten Bleivergiftung qualvoll zugrunde ging. Den dringenden Rat seiner Ärzte, ungiftige Malpigmente zu verwenden, hatte er ignoriert.

Und wenn schon die Nutzung der Bleifarbe für die Maler mit hohen Risiken verbunden war, kann man sich vorstellen, dass die Produktion auch nicht gerade ungefährlich ist. Tatsächlich war es auch weniger die Sorge um Künstlerinnen und Künstler als eher die um die Arbeiterschaft und Angehörige der Malerberufe, die dazu führte, dass Bleiweiß immer mehr in die Kritik geriet. In Deutschland wurde es 1921 verboten, in den USA hingegen erst 1979, wie schon erwähnt.

Bleiweiß wird heute weder in der Kunst noch in der Kosmetik, in der es zu Raffaels Zeiten als Puder weitverbreitet war, noch für Innenraumanstriche verwendet. Inzwischen nutzen nahezu alle Künstler als Weißpigment das ungiftige Titanweiß. Dieses hat zwar nicht denselben warmen Farbton und lässt sich auch nicht so fein zerreiben, es hat auch keine so günstigen Eigenschaften bei der Verwendung als Ölfarbe wie das alte Pigment, dafür ist es aber ungiftig. Und das ist wohl eine allgemeine Lehre, die man aus der Geschichte des Bleiweiß ziehen kann: Wenn wir neue Stäube verwenden, sollten wir schauen, dass sie so ungiftig wie nur irgend möglich sind, damit wir so sorglos und spontan malen können, wie es schon die Menschen der Steinzeit taten.

STAUB FÜR DAS WISSEN

Normalerweise gilt Staub als Bedrohung des Wissens. Schon ein winziges Staubkorn kann eine Festplatte, auf der Millionen Informationen gespeichert sind, beschädigen und unbrauchbar machen; aus diesem Grund werden Festplatten mit vielfachen Filtern gegen Staub geschützt. Und doch ist der Staub vom Wissen nicht zu trennen. Das liegt daran, dass Staub und Schrift verbunden sind.

Die Schrift ist die wichtigste Form, in der Wissen in modernen Gesellschaften weitergegeben wird. Man könnte sie die erstaunlichste unter allen Erfindungen des Menschen nennen. Denn während andere Erfindungen vor allem die Handlungsmöglichkeiten des Menschen erweitern und ihm neue Möglichkeiten eröffnen, erweitert die Schrift den Geist, das Gedächtnis, die Fantasie. Sie ist die Grundlage der modernen Kultur, weil sie es ermöglicht, Wissen über viele Generationen hinweg zu speichern und zu verbreiten.

Schrift kann man in Holz ritzen, und unser Wort »Buchstabe« scheint noch auf diesen Brauch, der bei den Germanen üblich war, hinzudeuten. Doch in Holz geritzte Zeichen sind recht schwerfällig, weshalb die Germanen in der Antike auch eher für ihren Alkoholkonsum und weniger für ihre Bildung bekannt waren. Runen sind zwar sehr haltbar, andererseits sind diese Mitteilungen aber nicht sonderlich beweglich, und damit verliert das so festgehaltene Wissen einen großen Teil seines Nutzens, weil es nur sehr begrenzt zirkuliert. Nur wer zufällig vorbeikommt, kann sich informieren.

Dünne Materialien, die sich rollen lassen, wie Papyrus oder Pergament, sind leichter und dienen daher besser der Verbreitung von Wissen. Auf diese schreibt man mit staubfeinen Pigmenten, die auf den rauen Oberflächen haften, etwa mit in Wasser aufgeschwemmtem Ruß oder mit Graphit. Bisweilen werden die Tinten auch mit klebrigen Harzen angerührt, zum Beispiel mit Gummi arabicum oder auch mit Kirschbaumharz, die dafür sorgen, dass die Partikel noch etwas stabiler an ihrem Ort bleiben.

So wurden philosophische und geografische Abhandlungen gern auf Papyri geschrieben; Mathematik und Geometrie hingegen wurden anfangs sogar direkt in den Staub gezeichnet, der mit diesen Disziplinen in der Antike so verbunden war, dass man von jemandem, der keine Ahnung von Mathematik hatte, geradezu sagte, er habe nie den gelehrten Staub berührt.

Es gibt auch die Theorie, dass die Null, dieses wichtige, vielleicht wichtigste mathematische Zeichen, seine Entstehung dem Staub verdankt. Vertreten wird diese Theorie zum Beispiel von dem Wirtschaftswissenschaftler Robert S. Kaplan, der in Harvard lehrt und folgendermaßen argumentiert: Die alten Zahlmeister rechneten, indem sie in den Staub Tabellen zeichneten, die Spalten für Hunderter, Zehner und Einser hatten. Mit kleinen Kieselsteinen wurden dann die jeweiligen Zahlen dargestellt. Später nutzte man Rechenbretter, die man aber ebenfalls mit Staub bedeckt hatte, der die Funktion hatte, die Rechnung hinterher überprüfen zu können. Denn von den weggenommenen Steinen blieben ja runde Abdrücke zurück. Und die waren, so glaubt Kaplan, das Urbild der Null! Danach hätte der Staub, dieses Fast-Nichts, die Menschen auf die Idee des wohl wichtigsten Nichts-Begriffs gebracht.

Eine wunderschöne Theorie! Ob das wirklich so war oder anders, kann man nachträglich nicht mehr prüfen. Eines aber ist sicher: Die Schreiber hatten sehr oft mit den Tücken des Staubes zu kämpfen. Einer, der das wirklich wissen muss, hat uns davon ein eindrucksvolles Zeugnis hinterlassen. Der Arzt, Aufklärer und Enzyklopädist Johann Georg Krünitz hat wie kein Zweiter geholfen, dass Wissen nicht verloren geht, sondern verbreitet wird. Die von ihm begründete *Oeconomische Enzyklopädie* umfasste am Ende 252 Bände, von denen er nicht weniger als 73 selbst verfasste; täglich saß er zwölf bis vierzehn Stunden am Schreibtisch, er starb, als er gerade das Stichwort »Leiche« vorbereitete. Seine Enzyklopädie, die daraufhin von anderen fortgesetzt wurde, ist von einzigartigem Wert, weil sie das gesamte Wissen der damaligen Zeit dokumentiert, und ich habe sie selbst oft für wissenschaftsgeschichtliche Arbeiten konsultiert.

In diesem großartigen Lexikon findet sich auch ein Bericht, der verdeutlicht, wie massiv das Staubproblem in den Schreibstuben war. Man macht sich oft keine Vorstellung davon, welche Risiken auch eine scheinbar einfache, körperlich mühelose Arbeit barg, wie es das Schreiben in der Schreibstube zu sein scheint. Weil die Tinten damals recht lange Zeit brauchten, um zu trocknen, war es üblich, feinen Sand über das fertige Dokument zu streuen. Hierfür gab es spezielle Sandbüchsen. Wer nur einmal alle paar Wochen schrieb, dem schadete diese Sitte gewiss nicht. Ganz anders war es bei den Menschen, die beruflich schrieben. Ein Schreiber berichtet in der Enzyklopädie: »Bei der Schreiberei bedient man sich zur geschwinderen Abtrocknung des Geschriebenen gewöhnlich des Sandes oder Löschpapiers. Derjenige, welcher seine Tage am Schreibtische verleben muß, und also genöthigt ist, ohne Unterlaß nach der Sandbüchse zu greifen, wird gewiß mit mir die Bemerkung gemacht haben, daß bei dem öfteren Aufstreuen des Sandes, nur die gröberen Körner, die kleinen Steine, auf das Papier fallen, der leichtere Teil aber, der Staub, der in der Luft zurückbleibt, und größtentheils, vermittelst des Athems, in den Körper gezogen wird.«

Dieser Schreiber bemerkt dann am eigenen Leib, dass jener feine Staub schädlich ist, und erzählt, wie er sich durch den fortgesetzten, täglichen Gebrauch der Sandbüchse eine schwere Lungenerkrankung zugezogen habe. Sein Husten verstärkte sich in den folgenden Jahren immer weiter, bis der Hustenreiz nahezu permanent wurde und den armen Schreiber an seiner Tätigkeit hinderte. Seine gesamte Gesundheit verfiel, obgleich ihm ein merkwürdiges Mittel, das aus Honig, Minze, Salbei und – ganz wichtig – Fuchslunge bereitet war, half.

Besser freilich, so schließt der Artikel, wäre es, nicht das Symptom zu kurieren, sondern die Sache an der Wurzel zu packen. Und zwar, indem man den Gebrauch des Sandes in den Schreibstuben so weit als möglich einschränkt. Schließlich schadet der Sand nicht nur der Lunge, sondern auch, wie die meisten Schreiber damals wussten, den Augen. Und nicht zuletzt, so liest man, leiden auch die Möbel, wenn ständig Sand gestreut wird. Warum nicht statt des Sandes Löschpapier verwenden?

Und warum keine Tinten entwickeln, die rasch trocknen, sodass man keinen Sand mehr benötigt? Das ist im Laufe der Zeit auch tatsächlich gelungen.

Und doch begleiten auch in der Moderne Staubpartikel das Schreiben. Das ist nicht nur in den Schulen so, wo Gips oder Kreide als Schreibmaterial verwendet wird, was freilich harmlos ist. Auch Bleistifte waren früher giftig, weil sie wirklich Blei enthielten, inzwischen aber werden sie aus Graphit hergestellt und sind harmlos.

Hier und da ist allerdings immer noch Vorsicht angezeigt. Kopierer und Laserdrucker arbeiten mit kohlenstoffhaltigem Feinstaub, der durch elektrostatische Prozesse auf das Papier aufgebracht und anschließend festgebacken wird.

Zwar haben die Untersuchungen bislang keine spezifische Gesundheitsgefahr, die von Laserdruckern bzw. Kopierern ausgeht, feststellen können. Doch auch für moderne Büros gilt der Rat, den man in Krünitz' Sand-Artikel schon vor 200 Jahren lesen konnte, nämlich die Exposition so weit wie möglich zu reduzieren. Das kann geschehen, indem die Drucker und Kopierer in separate Räume gestellt werden, indem gut gelüftet wird und schließlich auch dadurch, dass weniger ausgedruckt wird. Auch beim Kauf des Gerätes selbst sollte man die Augen offen halten – es gibt Geräte, die das Umweltzeichen »Blauer Engel« tragen und besonders wenig Emissionen aufweisen. Schließlich sollte man Systeme mit geschlossenen Kartuschen bevorzugen, weil bei Nachfüllsystemen leichter Tonerstaub in die Luft und von dort in die Lungen gerät.

STAUB FÜR DAS LEBEN

Man kann nicht auf jedem beliebigen Boden Ackerbau betreiben, blanke Felsen oder Sand eignen sich offensichtlich nicht dafür, gleichgültig, welche Mengen an Düngemitteln man daraufkippt. Es gibt aber eine Bodensorte, die für Getreideanbau geradezu ideal geeignet ist – das ist der Löss. Dies ist ein altes süddeutsches Wort und heißt so viel wie »lose«, und lose ist dieser Boden in jeder Hinsicht, man kann ihn mit den bloßen Fingern zerreiben, woraufhin er sich in ein feines gelbliches Pulver verwandelt, das in Reformhäusern übrigens auch als Heilerde angeboten wird.

Man geht davon aus, dass die Ackerbauern von Beginn an Lössböden gesucht haben. Denn diese Staubböden trugen, wenn überhaupt, nur kleine Bäumchen, weil Lössboden nicht genug Wasser enthält, vielmehr wuchsen auf ihnen von Natur aus Gräser. Für Gräser ist Lössboden eine Art Superfood, er speichert Wasser genauso, wie sie es brauchen, und enthält zudem alle Nährstoffe in einer guten Mischung. Daher gedeihen Gräser hier gut, und bekanntlich zählen ja auch alle Getreidesorten zu den Gräsern. Daher interessierten sich schon die ersten Ackerbauern für diese Böden, die sich auch deshalb empfahlen, weil sie sich mit einfachen Geräten umgraben und bearbeiten ließen, da sie keine Steine enthielten. In unmittelbarer Nähe unseres Gebäudes an der Universität Augsburg kann man alle diese Verhältnisse zufälligerweise sehr gut beobachten. Das Wissenschaftszentrum Umwelt befindet sich nämlich direkt an einer Hangkante, die etwa zehn Meter in die Höhe geht – dort setzt sich dann eine weitere Ebene fort, auf der, so weit man sehen kann, Weizen angebaut wird. Als ich anfing, in Augsburg zu arbeiten, glaubte ich, dass diese Kante im Gelände, die sich weit nach Süden erstreckt, im Zuge der Bauarbeiten für unser Gebäude entstanden sein müsse. Doch dann erfuhr ich, dass es sich um eine natürliche Geländeformation handelt – unten findet sich ein sehr kiesiger Boden, den nach der Eiszeit der damals sehr breit dahinströmende Lech geschaffen hatte. An ihn grenzt sein altes Ufer, und oben findet sich die sogenannte Lössebene, die uraltes Ackerbaugebiet ist und auch heute, soweit sie nicht als Neubaugebiet zugepflastert wurde, landwirtschaftlich genutzt wird. Was dieser Boden für die Menschen bedeutet, lernte ich bei einer Führung durch den Augsburger Stadtarchäologen Sebastian Gairhos.

Anlass war die Freilegung einer neolithischen Siedlung auf dem Baugrund eines Neubaus der Universität. Sie befand sich am unteren Fuß der Kante, und ein Archäologieteam war mit Maurerkellen dabei, im Zuge der Rettungsgrabung die Reste der Gebäude und auch Gräber freizulegen. Man sah nur dunkle Flecken im Boden, an denen einst die Pfosten eingerammt waren. Gairhos sagte: »Hier unten, auf dem Kies, da hatten sie ihre Hütten. Hier war es windgeschützt, und außerdem mussten sie nicht tief graben, um an Wasser zu gelangen. Die Hangkante hinauf, dort oben lagen dann ihre Felder, auf dem Löss, wo das Getreide gut wächst. Hätten sie die Behausungen mitten auf die Felder gesetzt, hätten sie tief graben müssen, um an Wasser zu gelangen, das versickert nämlich im Löss und sammelt sich erst hier, unter der Kiesschicht.« Erst als später die Römer kamen, wählten diese als Siedlungsorte auch Plätze mitten auf der Lössebene. Den Römern war es nicht so wichtig, ob tief gegraben werden musste, im Zweifel führten diese Arbeit ja auch andere aus. Wichtig war ihnen nur, dass sie überhaupt Lössboden unter sich hatten oder ein solcher wenigstens in der Nähe war. Viele Stadtgründungen der Römer, zum Beispiel Köln, liegen in der Nähe von ausgedehnten Lössplateaus.

Die Lössebene im Augsburger Süden, an deren Rand sich einst die neolithischen Bauern niedergelassen hatten, gibt es schon seit einigen Zehntausend Jahren. Sie entstand im Verlauf der letzten Kaltzeit vor etwa 75 000 Jahren. Damals wehten sehr starke Winde von den vergletscherten Alpen herüber. Sie transportierten den feinen Gesteinsstaub, der sich unter den mahlenden Gletschern gebildet hatte und vor ihnen ablagerte. Der Staub setzte sich an bestimmten Geländekanten ab, oft an der windabgewandten Seite von Höhenzügen und Gebirgen, ganz ähnlich, wie sich Staub auch in der Wohnung in der Nähe der Wände, in Bettschubladen und anderen geschützten Bereichen absetzt. Durch Gräser, die auf diesen Staubböden gut gedeihen, wurde er an der weiteren Wanderschaft gehindert, ihre verfilzten Wurzeln hielten ihn fest. Über die Grassteppen zogen dann Herden großer Tiere, deren Knochen und Zähne man bisweilen im Löss findet. Gras ist ein lebendiger Teppich, und so wuchs die Staubschicht im Laufe der Jahrtausende immer weiter an, bis sie schließlich einige Meter dick war.

Zwar klingt es nicht sehr wahrscheinlich, dass ein Boden förmlich herangeweht kommt, dass aber so etwas tatsächlich möglich ist, sieht man im Miniaturformat auf Garagendächern in geschützten Innenhöfen, auf denen sich der in der Stadt reichlich vorhandene Staub absetzt. Bald wachsen Moose auf, die dann wiederum weiteren Staub einsammeln, bis schließlich auch genug Boden für Gräser und Kräuter vorhanden ist. In zwanzig Jahren entstehen so zwar nur wenige Millimeter Boden, doch wenn sich dieser Prozess dann noch zwanzigtausend Jahre fortsetzen würde, kämen schon einige Meter zusammen.

Weil Lössboden nicht durch Verwitterung von Gestein entsteht, sondern aus der Luft kommt, also äolischen Ursprungs ist, wie der Fachausdruck lautet, enthält er, wie gesagt, keine Steine.

Dadurch empfiehlt dieser Boden sich natürlich in besonderem Maße für die Landwirtschaft, und weltweit sind Lössböden auch die bevorzugten Böden für den Getreideanbau. Bis heute sind die Gegenden, die für die Ernährung der Menschheit und insbesondere für ihre Versorgung mit Getreide entscheidend sind, Lössböden. Dazu zählen etwa die einstigen Prärien Nordamerikas, die Pampas in Südamerika, die Plateaus in Nordchina und die mitteleuropäische Lösszone, die sich von Belgien bis in die Westukraine erstreckt.

Wo immer man diese Staubböden antrifft, kann man sicher sein, dass es sich um altes Siedlungsgebiet handelt. Denn seit den ersten Tagen des Ackerbaus hatten Menschen ein feines Gespür für gute Böden. Sie zu erkennen, war für Ackerbauern entscheidend, und der Ertrag von Lössböden übertrifft den anderer Böden bei Weitem.

Die Lössebene im Süden von Augsburg, gelegen zwischen Lech und Wertach, ist heute bebaut oder unter den Pflug genommen, ihre Ränder sind bewachsen. Nur an einer einzigen Stelle ist ihr Profil gut zu sehen, nämlich in der Kiesgrube Lauter bei Bobingen. Dort sieht man die eindrucksvolle gelbe Schicht, die unten in Kies übergeht. Sie hat ein erstaunliches Standvermögen, ganz anders als Sand, was an den eckigen Partikeln liegt, aus denen sie besteht. Diese verkeilen sich und verhindern, dass die steilen Hänge einstürzen. An ihnen haben sich Uferseeschwalben und Bienenfresser angesiedelt, die der einsichtsvolle Kiesgrubenbesitzer, Herr Lauter, auch streng schützt und gewähren lässt. Die Vögel bauen ihre Höhlen in diesen Boden und zeigen damit, dass er auch als Lebensraum sehr geeignet ist, denn er ist trocken und wohltemperiert. Es ist denkbar, dass in früheren Zeiten auch Menschen in solchen Höhlen gelebt haben; auf den größten Lössebenen in China sind in den

Löss gegrabene Wohnungen bis heute verbreitet. Hier leben die Menschen nicht nur *vom* Staub, sondern *im* Staub.

Seit etwa 100 Jahren weiß man, dass Lössböden sehr empfindlich sind. Der US-amerikanische Geologe David Montgomery verdeutlicht die Probleme in seiner Erzählung von den Ereignissen im Mittleren Westen der USA. Dort erstreckten sich die großen Ebenen Nordamerikas, die ursprünglich nur von riesigen Büffelherden als Weideland genutzt wurden, denen indigene Völker nachzogen. Während diese großen Herden über die Ebenen trotteten, düngten sie das Land und verbesserten die Bodenstruktur. Die Präriegräser können Beweidung und auch Trockenheit recht gut vertragen, ein großer Teil der Pflanze liegt unter der Erdoberfläche in einem ausgedehnten Wurzelnetz, das zugleich den Boden festhält. Verdorren die Grashalme, weil es zu heiß ist, lebt die Pflanze dennoch weiter. Dann aber, gegen Ende des 19. Jahrhunderts, betraten weiße Siedler das Gebiet. Sie verdrängten die Stämme, die dort von der US-amerikanischen Regierung angesiedelt worden waren, zum Ausgleich für ihre ursprünglich bewohnten Gebiete an der Ostküste, sie begannen auch das Land unter den Pflug zu nehmen. Das war zunächst nicht einfach, da das Wurzelwerk der Präriegräser erheblichen Widerstand leistete. Durch die Erfindung neuer Pflüge, die John Deere gelungen war, kam man aber auch hier weiter. Und so wurde mehr und mehr Land umgepflügt, urbar gemacht.

Doch schon recht bald warnte man, dass diese sehr trockenen Gebiete sich eigentlich für die intensive landwirtschaftliche Nutzung nicht eignen. All das drang aber nicht durch, zu groß war der Anreiz, durch die Erschließung immer größerer Flächen erheblichen Gewinn zu erwirtschaften. Im November des Jahres 1933 geschah es dann: Der erste große Windsturm fegte durch

Süd-Dakota. Auf manchen Farmen wurde an diesem einen Tag der gesamte Oberboden abgetragen. Fünf Monate später brach erneut ein Sturm über Nord- und Süd-Dakota hinweg, der so intensiv war, dass auch weit entfernte Städte von dem aufgewirbelten Staub verdunkelt wurden. In Chicago etwa fielen fast 2 kg Staub pro Einwohner vom Himmel. Die Staubwolke war noch vom Atlantik aus sichtbar, wandernde Staubverwehungen bedeckten riesige Bereiche, Menschen erstickten, Vieh kam um, und selbst das weit entfernte New York City wurde in einen Schleier aus Zwielicht gehüllt. Menschen atmeten den Boden einer Gegend ein, die über 5000 Kilometer entfernt war. Mehr als drei Millionen Menschen mussten damals die großen Ebenen verlassen, sie wurden Umweltflüchtlinge. Das Phänomen wurde später als »Dust Bowl«, Staubschüssel, bezeichnet und prägte maßgeblich die dann einsetzende Politik von Franklin D. Roosevelt, den »New Deal«. Roosevelt sagte am 6. September 1936: »Ich sah Zerstörung in neun Staaten. Ich habe mit Familien gesprochen, die ihren Weizen verloren haben, ihren Mais, ihr Vieh, die das Wasser in ihrem Brunnen verloren haben, deren Garten zerstört wurde ...« Roosevelt legte sofort eine auf wissenschaftlichen Grundsätzen aufgebaute Politik auf. Unter anderem wurde das »Shelterbelt«-Projekt gestartet, bei dem um die Felder der Farmer Hecken und Baumalleen gepflanzt wurden, womit einerseits die Trockenheit bekämpft, andererseits aber auch die Windgeschwindigkeiten reduziert werden sollten. Bis 1942 wurden 220 Millionen Bäume gepflanzt, und heute noch gilt das Projekt als eine der erfolgreichsten und entschlossensten Maßnahmen zur Bekämpfung eines Umweltproblems in den USA. Die Dust Bowl ist auch dasjenige Umweltproblem, das sich dem kollektiven Gedächtnis der USA wohl am stärksten eingeprägt hat.

Auch anderswo erleichtern tiefgründiges Pflügen und intensive Nutzung die Mobilisierung von Lössböden. Denn weil er aus feinem Pulver besteht, kann er sich nach längeren Dürreperioden mit dem Wind auf und davon machen. Da solche Dürreperioden im Zuge des Klimawandels zunehmen werden, könnten in manchen Gegenden bald wieder gute Bedingungen für Staubstürme herrschen.

STAUB FÜR DIE GERECHTIGKEIT

In dem Gedicht *Edelknabe und Müllerin* von Goethe, das 1797 entstand, erfährt man von den vergeblichen Versuchen eines »Edelknaben«, eine schöne Müllerin zu verführen. Jener Edelknabe im vornehmen, dunklen Kleid bedrängt die Schöne, raspelt Süßholz und bittet schließlich:

»Ruhst du in meinen Armen aus?« Schroff antwortet die Müllerin:

»Mitnichten!
Wer die artige Müllerin küßt,
Auf der Stelle verraten ist.«

Es täte ihr nämlich leid, auf dem schwarzen Gewand des Edelknaben Spuren von weißem Mehl zu hinterlassen, die das Stelldichein verraten. Zwar hätte sie an sich nichts gegen einen Seitensprung, doch da müsse man mit mehr Bedacht vorgehen, um nicht gleich aufzufliegen. Und so schließt das Gedicht mit den schönen Worten:

»Ich liebe mir den Müllerknecht;
An dem ist nichts zu verderben.«

Denn dieser Müllerknecht ist ja selbst über und über bemehlt.

Wenn Kriminalisten noch Goethe läsen, müssten sie das Müllerin-Prinzip zur Grundlage ihrer Arbeit erklären. Doch die Kriminaltechniker und -technikerinnen führen ihre Profession stattdessen auf einen französischen Kriminalisten namens Edmond Locard zurück. Dieser schrieb keine Gedichte, aber eine sehr einflussreiche Abhandlung *Die Kriminaluntersuchung und ihre wissenschaftlichen Methoden*, die im Jahre 1930 in deutscher Sprache veröffentlicht wurde. Und ebenda lobte er die staubfeinen Spuren, denn »fest steht jedenfalls, dass die einzigen Zeugen, die niemals sich täuschen oder lügen, die stummen Zeugen sind, wenn man sie nur zu deuten versteht«. Locard war ursprünglich Jurist und wirkte in der französischen Stadt Lyon. Dort baute er das »Polizei-Laboratorium« auf und widmete sich eben besonders der Kunst, jene stummen Zeugen zuallererst aufzufinden und sie sodann zum Reden zu bringen.

Und wie könnte es anders sein, zu den wichtigsten jener stummen Zeugen, die in dem Buch genannt sind, zählt eben der Staub. Und zwar sowohl der Staub, den man am Tatort findet, als auch Staub, der aus den Verdächtigen regelrecht herausgeklopft wird. Man stelle die Leute, denen man nicht traut, auf den Kopf, schüttele ihre Kleidung aus, und schon purzeln einem die Beweise entgegen. Locard schreibt: »Der Staub aus den Taschen ist am interessantesten: er enthält eine gedrängte Übersicht all dessen, was der Mensch gemacht hat, der diesen Anzug trug. Nach einem Mord wird man darin winzige Blutspuren entdecken können, auch wenn alle Flecken sonst sorgfältig ausgewaschen worden sind.« Auch wenn die Verbrecher selbst sich also ausschweigen, der Staub erweist sich als recht auskunftsfreudig, sofern man seine Sprache versteht. Zu den ganz besonders charakteristischen Staubsorten, die am Tatort zurückgelassen werden, zählen die Reste von Textilien. Und hier schreibt Locard einen berühmten

Satz: »Tatsächlich hinterlässt jede Berührung von Stoff Spuren im Staub.« Dieser Satz wurde später zum *Locard'schen Prinzip* verallgemeinert, das besagt, dass es überhaupt keine Berührung ohne Materialübertragung gibt. Wann immer irgendein Mensch irgendetwas berührt, hinterlässt er Staub, auch dann, wenn er alle erdenklichen Maßnahmen getroffen hat, um dies nicht zu tun. Der Müllerin in Goethes Gedicht war dies schon vor langer Zeit klar.

Heute finden Kriminalistinnen und Kriminalisten fast immer nicht nur einzelne Partikel, sondern riesige Mengen davon, trotz aller Sorgfalt, mit der die Täter die Spuren verwischt haben. Locard empfiehlt daher, stets zuerst nach Faserspuren zu suchen, denn er sagt: »man wird in ihm, [also im Staub] erkennen, ob der Täter zwirnene, oder Leinenhandschuhe, Strohpantoffeln oder Socken anhatte usw.«

Zwar tragen die Täter von heute nur noch sehr selten Strohpantoffeln, aber trotzdem findet sich Stroh noch immer in den kriminalistischen Fasersammlungen. Jedenfalls in der Fasersammlung des Bundeskriminalamtes (BKA) in Wiesbaden, wo sich in der Abteilung »Kriminaltechnik« die Mitarbeiterinnen und Mitarbeiter mit nichts anderem als mikroskopisch feinen Spuren beschäftigen. Ihre Aufgabe ist es, den Staub zu lesen. Und dazu benötigt man sozusagen ein Wörterbuch, denn sonst sieht man unter dem Mikroskop nur einen Wust von Fasern und Krümeln. Der Schlüssel, der den Staub zum Sprechen bringt, sind in der Kriminalistik die Referenzsammlungen. Das bedeutet, dass es für jede Fasersorte, für jede Partikelsorte, die sich im Staub finden lässt, Musterexemplare gibt, die die Identifikation ermöglichen. Und es gibt auch spezielle Vergleichsmikroskope, die es gestatten, ein in einer Probe, einem Asservat gefundenes Partikelchen mit einem Partikelchen aus der Referenzsammlung zu vergleichen. Auch wenn Computer inzwischen bei der Identifikation helfen können, bleiben die Referenzsammlungen wichtigste Grundlage. Und hier ist der Bereich der Faserspuren der umfangreichste. Weil sich nämlich Fasern fast immer finden und weil es inzwischen so viele davon gibt, vor allem synthetische. In Bekleidungstextilien, in Haustextilien und in technischen sowie Automobiltextilien werden heute nur noch 30 Naturfaserarten verwendet, denen rund 4000 Chemiefaserarten gegenüberstehen. Und ganz gleich, ob künstlich oder natürlich: Alle diese Fasersorten sind in Mustern in den Sammlungen des BKA vertreten. Eindrucksvoll ist auch die Sammlung der Tierhaare, denn zumindest von allen verbreiteten Haustieren, allen Hunde- und Katzenrassen zum Beispiel, gibt es Fellproben in einer Hängeregistratur.

Natürlich sind aber für die Kriminalistinnen und Kriminalisten vor allem menschliche Haare wesentlich, weil sich inzwischen auch aus ausgefallenen und nicht nur aus ausgerissenen Haaren die DNA extrahieren lässt. Obwohl Haare nur Bruchteile von Millimetern Durchmesser haben und kaum etwas wiegen, kann schon ein einzelnes Haar ausreichen, um einen Täter zu überführen. Jedes Jahr rollen die Fachleute am BKA rund 200 Verbrechen neu auf, bei denen die Täter der Justiz bislang – *um ein Haar* – entronnen sind.

Zu den Partikeln, die am Tatort gefunden werden, zählt bei schweren Verbrechen oft auch der Schmauch. Das sind jene Partikel, die beim Abfeuern einer Schusswaffe erzeugt werden. Sie sind für bestimmte Munitionssorten charakteristisch. Und sie bleiben an der Kleidung oder auch an den Händen des Schützen ebenso haften wie anderer Staub. Man kann sie mikroskopieren und dann bestimmten Tatwaffen sicher zuordnen. Und je nachdem, ob und wo auf der Kleidung des Opfers oder auf seiner

Haut noch Schmauchpartikel zu finden sind, lässt sich die Entfernung, aus der der Schuss abgegeben wurde, exakt bestimmen.

Schmauch und Fasern sind nur zwei Beispiele für die vielen alltäglichen und nicht so alltäglichen Hausstaubbestandteile, die in der Kriminalistik relevant werden können. Auch Insekten, die am Tatort gefunden werden, können zur Aufklärung von Verbrechen beitragen, und daher beschäftigt die Abteilung Kriminaltechnik am Bundeskriminalamt auch Insektenkundige, Entomologinnen und Entomologen, und natürlich ebenso Pollenspezialistinnen und -spezialisten. So ist am Bundeskriminalamt verwirklicht, was Locard vor 100 Jahren schon forderte, nämlich: »Zentren zu bilden, um die sich die verschiedenen Fachleute gruppieren würden.«

Heute ist die Kriminaltechnische Abteilung im BKA so vielfältig wie der Staub selbst, denn dort traf ich Expertinnen und Experten aus der Physik, Chemie, Linguistik, Botanik und Psychologie. Und sie arbeiten alle über ihre Disziplingrenzen hinweg zusammen, sie verwirklichen das Ideal der Interdisziplinarität überzeugender als so manche wissenschaftliche Akademie, vielleicht, weil die gemeinsame Aufklärung von Verbrechen besser zusammenschweißt als die Aufklärung wissenschaftlicher Probleme.

Was es in Wiesbaden definitiv nicht gibt, ist eine Sammlung unterschiedlicher Mehlsorten. Doch ein jeder, nicht nur die Müllerinnen, trägt seine *Personal Cloud* mit sich herum und hinterlässt Partikel, die, wenn sie von partikelkundigen Menschen gefunden werden, mehr ausplaudern, als man denkt.

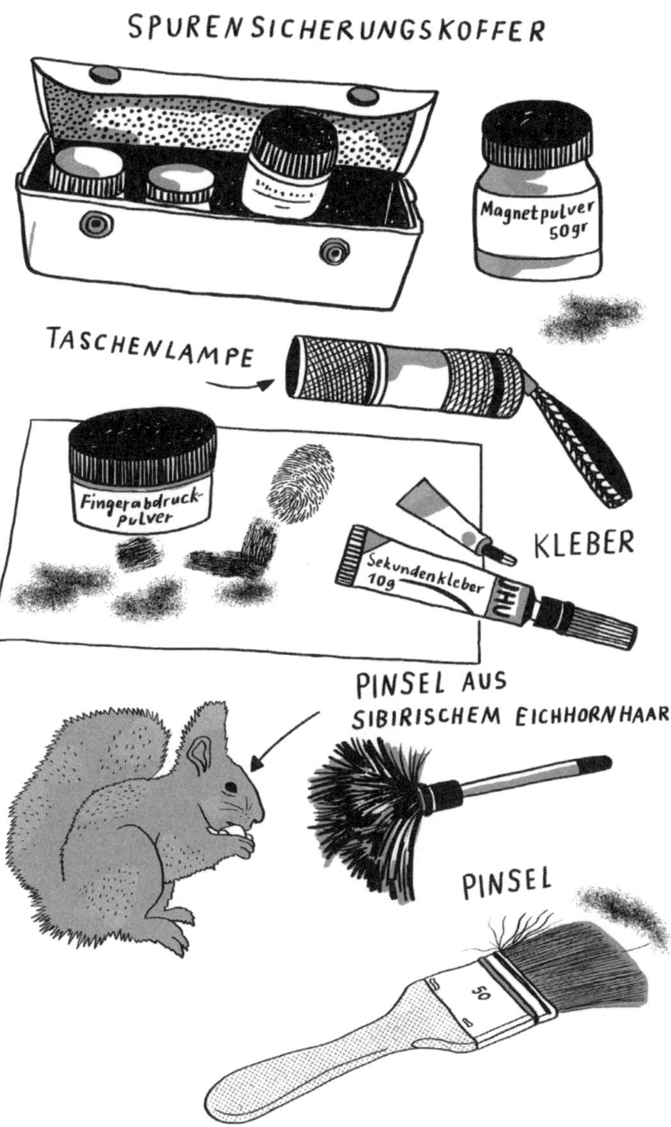
SPURENSICHERUNGSKOFFER
Magnetpulver
50gr
TASCHENLAMPE
Fingerabdruck-
pulver
KLEBER
Sekundenkleber
10g
UHU
PINSEL AUS
SIBIRISCHEM EICHHORNHAAR
PINSEL
50

5

Goethe und der Staub

Wir haben Goethes Staubdenken bereits erwähnt, nun soll es ausführlicher zur Sprache kommen. Denn kein Buch über den Staub kann auch nur annähernd den Anspruch erheben, vollständig zu sein, *alles* zu erzählen, wenn es nicht auch die Ansichten von Johann Wolfgang Goethe über dieses Phänomen behandelt.

Zwar mag man sich fragen: Was hat Staub mit Dichtung und Literatur zu tun, doch in Wahrheit hat Staub die Dichter und Sprachkünstler schon immer interessiert, und zwar deshalb, weil er der kleinste denkbare Erzählgegenstand ist. Das Minimum eines Themas. Er ist gerade noch etwas, nach ihm kommt nur noch das Nichts.

In der Antike gab es eine Kunstübung, die sogenannte paradoxe Lobrede, das *enkómion parádoxon*, bei der es darum ging, dass der Redner möglichst unpassende, möglichst niedere, möglichst langweilige Gegenstände für seinen Vortrag wählte. Je mehr sein Thema sich dem »Nichts« näherte, desto besser war es geeignet, die Fähigkeiten des Redners zur Geltung zu bringen, denn desto erstaunlicher war es, wenn er dennoch zu unterhalten wusste. Der Redner Cornelius Fronto, der Rhetoriklehrer des römischen Kaisers Marc Aurel, empfahl daher direkt Lobreden auf den Staub und den Rauch und gab auch praktische Hinweise für die Anfertigung.

Bis in die Neuzeit erhält sich, neben den würdigen Themen, wenn über große Menschen oder große Ereignisse geschrieben wird, auch eine kleine, bis heute bestehende Tradition, in der sich Dichter und Schriftsteller mit dem Unscheinbaren befassen und es preisen, und dabei kommt, neben dem Floh oder der Schneeflocke, immer wieder der Staub zu Ehren.

Gerade bei Goethe zeigt sich, dass der Staub nicht nur irgendeine Marginalie ist, die am Rande von Goethes Werk hier und da auftaucht, sondern direkt in den Mittelpunkt von Goethes Weltanschauung führt. Der Staub veranschaulicht, was Goethe über Leben und Tod dachte und wie er sich das menschliche Leben und die Natur vorstellte.

»Gedenke, zu leben!« *(Vivere memento!)* war ein steter Ausspruch Goethes, den er den viel bekannteren, aber leicht depressiven Worten »Gedenke, zu sterben« *(Memento mori)* gern entgegenstellt. Jegliche Todessehnsucht und Todesromantik waren ihm fremd, weshalb er auch von der Romantik nichts wissen wollte. Goethe mied es nicht nur, den Tod in irgendeiner Weise zu romantisieren, er wollte ihn auch nicht »statuieren«, wie er sagte, er räumte ihm überhaupt keinen Platz in seinem Leben ein, sondern hielt sich entschlossen ans Dasein und ans Diesseits. Sterbende, auch wenn es gute Freunde waren, besuchte er nicht, und selbst an der Beerdigung seiner von ihm zweifellos geliebten Frau Christiane nahm er nicht teil.

Nicht nur den Tod, auch alle Symbole, die an ihn erinnern, waren ihm zuwider. Dazu zählt natürlich in erster Linie das christliche Kreuz, es war ihm rätselhaft, wie man ein solches Folterwerkzeug zum zentralen Symbol einer Religion machen konnte. An seinen Freund Lavater schrieb er denn auch im Juli 1782, dass er zwar kein »Unkrist«, und auch kein »Widerkrist«, sei, aber doch ein »dezidirter Nichtkrist«.

Und so ist es nicht weiter erstaunlich, dass Goethe den Staub, im Christentum ein Sinnbild für Vergänglichkeit und Tod, neu interpretierte. Nämlich nicht nur als Ende aller Dinge, sondern in erster Linie als Beginn neuer Gestaltungen. Im *West-östlichen Divan*, in dem er sich auf seine Weise die persische Literatur anverwandelte und der zugleich wunderbare Liebesgedichte enthält – Zeugen einer Affäre des damals 65-Jährigen mit Marianne von Willemer – wird des Öfteren auch der Staub gepriesen.

Mal gelten die sehnsuchtsvollen Worte diesem winzigen Boten, der von der Geliebten berührt oder an dem immerhin ihr Schatten vorbeigezogen ist, mal wendet er sich diesem Winzling unmittelbar zu. Und dann ist Staub eben nicht etwas Trockenes, Graues, Düsteres. Dann spürt man im Staub das überall hervorkeimende Leben. In dem Gedicht »Allleben« lauten die letzten zwei Strophen:

Wenn jetzt alle Donner grollen
Und der ganze Himmel leuchtet,
Wird der wilde Staub des Windes
Nach dem Boden hingefeuchtet.

Und sogleich entspringt ein Leben,
Schwillt ein heilig heimlich Wirken,
Und es grunelt und es grünet
In den irdischen Bezirken.

Hier erinnert uns der Dichter an den intensiven, fast elektrischen Geruch, wenn an einem heißen Sommertag dicke Regentropfen auf die trockene Straße fallen. Goethe erfindet das Wort »gruneln«, das in der deutschen Sprache zwar nicht

Epoche gemacht hat, aber doch auf schöne Weise den Anfang neuen Lebens ausdrückt. Gruneln: Da regt sich etwas, da ergrünt etwas, da schlägt etwas Wurzeln, noch im Unsichtbaren, und der Duft gibt davon Kunde, dieser Duft beginnenden Lebens. Die heilige Äbtissin Hildegard von Bingen sprach in ihren Schriften ganz ähnlich von der Grünkraft in den Dingen, der *Viriditas*. Und ebendiese Kraft fühlt Goethe im vom Regen »niedergefeuchteten« heißen Sommerstaub, und er nimmt sie atmosphärisch wahr im starken Duft der Straßen nach einem Sommerregen.

> Du aber halte dich mit Liebe
> an das Durchscheinende, das Trübe.

Mit diesen Versen wies Goethe auf die Stellung des Menschen hin. Ihn sah er zwischen klarstem Licht und finsterster Finsternis in der Mitte stehen. Das Trübe ist geradezu das Element menschlichen Lebens und Strebens. Dies war für Goethe nicht nur ein Ärgernis, vielmehr wusste Goethe diesem Zwischenreich viel abzugewinnen. Das Trübe mildert nämlich das überhelle Licht und macht es schön.

Staub macht die Welt also reizender, verfremdet sie, wie ein Schleier ein schönes Gesicht noch faszinierender machen kann. Das Trübe, die von ungezählten feinsten Partikeln durchzogene Atmosphäre, sie ist der Ort menschlichen Lebens. Man könnte sich über die vielen Partikel ärgern, die die ganz klare, vollkommen konturierte Sicht erschweren, und überall einen Weichzeichner drüberlegen. Für Goethe mildert die Trübe nicht nur die harten Linien der Welt, sie ist auch der Ursprung aller Farbigkeit, denn der Ursprung der Farbe ist das Trübe. Durch das Zwischenreich des Trüben entstehen Gelb und Blau und alle übrigen Farben. Und damit sind wir bei Goethes Farbenlehre, in der der Staub eine ganz erhebliche Rolle spielt.

Bekanntlich ist die *Farbenlehre* dem Umfang nach Goethes größtes zusammenhängendes Werk. Und er hat mehrere Jahrzehnte daran gearbeitet. Hätte er die *Farbenlehre* nicht geschrieben, er hätte, wie er einmal selbst vorrechnete, durchaus sechs oder sieben Dramen mehr schreiben können. Und doch habe es ihn nie gereut, sich auf dieses Feld begeben zu haben. Im Gegenteil war er auf seine Farbenlehre so stolz, dass er häufiger sagte, er bilde sich auf seine dichterischen Werke rein gar nichts ein, dass er aber in der Farbenlehre der Einzige sei, der das Rechte wisse, das mache ihn stolz. Noch am Morgen des 22. März 1832, an seinem Todestag, ließ er sich von seiner Schwiegertochter Ottilie eine Mappe bringen und wollte mit ihr Farbenphänomene erkunden.

In Goethes Farbenlehre werden die Farben aus einem Kampf zwischen Licht und Finsternis abgeleitet. Laborversuche lehnt er weitgehend ab. Vielmehr müsse man unter freiem Himmel forschen:

> Freunde, flieht die dunkle Kammer,
> Wo man euch das Licht verzwickt,
> Und mit kümmerlichstem Jammer
> Sich verschrobnen Bildern bückt.

Dabei stellten sich für Goethe zwei »Urphänomene« heraus, die beide mit dem Staub zu tun haben. Blickt man, sagt Goethe, durch ein trübes Medium in Richtung einer Lichtquelle, dann erscheint diese nicht mehr weiß, sondern gelb. Blickt man durch ein trübes Medium dagegen ins Finstere, dann erscheint dieses blau. Am Himmel lässt sich diese Beobachtung leicht bestätigen.

Denn abends leuchtet die Sonne, deren Licht längs durch die trübe Atmosphäre hindurchscheint, gelb bis rot. Blickt man hingegen direkt nach oben, in die Finsternis des Weltalls, dann sieht man das Himmelsblau, das im Hochgebirge, worauf Goethe auch hinweist, bisweilen eine schwärzlich-violette Tönung annimmt. Die Farben der Atmosphäre werden also aus dem Verhältnis des Lichtes bzw. der Finsternis zum Trüben abgeleitet. Gelb und Blau sind die Hauptgegensätze der Farben. Und Goethe erläutert in seinen Ausführungen zur »sinnlich-sittlichen Wirkung der Farben«, dass Gelb uns fröhlich mache, während Blau eine eher distanzierte, fast melancholische Farbe sei. Blau sei die durch die Trübe gemilderte Finsternis, Gelb durch das Trübe gemildertes Licht.

Noch in seinen letzten Lebensjahren, sogar an seinem letzten Lebenstag, beschäftigte sich Goethe mit diesen Phänomenen, und sein Vertrauter Johann Peter Eckermann berichtet von einer winterlichen Spazierfahrt mit ihm, bei der sie beobachteten, wie der Blick zur Sonnenseite hin gelb und zur Nachtseite hin, durch den winterlichen Dunst, blau wirkte. In sein Tagebuch schrieb Goethe: »Lieben und hassen, hoffen und fürchten sind auch nur differente Zustände unseres trüben Inneren, durch welches der Geist entweder nach der Licht- oder Schattenseite hinsieht.« Lieben und hoffen hängen also mit Gelb zusammen, fürchten und hassen mit Blau und Violett. Wer liebt, blickt durchs Trübe nach dem Licht, wer hasst oder sich fürchtet, nach der Finsternis.

So hängen auch die emotionalen Urphänomene irgendwie mit dem Trüben, mit Licht und Finsternis zusammen. »Am farbigen Abglanz haben wir das Leben«, schreibt Goethe in seinem Drama *Faust II*; und das bedeutet: In das grelle Licht der Sonne können Menschen nicht schauen, ihr Reich ist ein durch das

Trübe gemildertes Licht; dorther kommt für Goethe auch die farbige Schönheit.

Seine Farbenlehre enthält ungezählte zutreffende Beobachtungen, und sie ist auch heute noch hoch spannend. Bei den Physikern freilich ist sie weniger populär, da Goethe der Meinung war, dass sein Farbendenken das einzig Richtige sei, während die Farbenlehre der Physiker, die sich Newton anschlossen, insgesamt falsch sei. Goethe lehnte es ab, im Labor einzelne Faktoren zu isolieren, er wollte das Licht und die Finsternis und die Farben unter freiem Himmel studieren. Nur so zeigten sie ihren allgemeinen Zusammenhang mit dem Leben.

Tatsächlich hat Goethes Farbenlehre nicht etwa eine neue Epoche in der Physik anheben lassen. Sehr viele Künstlerinnen und Künstler haben sich aber auf ihn berufen. Und das bleibt an seiner Lehre sicherlich richtig, dass erst das Trübe in der Atmosphäre ihre Schönheit und ihren Wechsel bewirkt. Für uns Menschen und alle Lebewesen mildert die Atmosphäre in der Tat das unbarmherzige, harte, gefährlich strahlende Licht der

Sonne. Ohne sie wäre der Himmel tiefschwarz und überhell zugleich; vor dem Dunkel des Alls leuchtete eine grelle Sonne. Erst die trübe Atmosphäre macht dieses Licht schön und vielfältig, durch sie ist unser Himmel heiter, denn heiter bedeutet ursprünglich so viel wie leuchtend. Und an dieser Heiterkeit hat der Staub in der Tat einen entscheidenden Anteil.

EPILOG

Die Zukunft des Staubes

In dem nach seinem Tode erschienenen dritten Band des *Kapitals* führt Karl Marx den sehr merkwürdigen Begriff der »Exkremente der Produktion und Konsumtion« ein. Damit meint er einerseits die Abfälle der Industrie und der Landwirtschaft, denn bei jeder Herstellung von etwas Nützlichem entsteht auch Unnützes. Am deutlichsten sieht man das in der Bergbauindustrie, bei der den Metallbarren auf der einen Seite riesige Abraum- und Schlackehalden sowie verschlammtes und oft auch vergiftetes Wasser gegenüberstehen. Und wenn die Waren schließlich gebraucht werden, wenn konsumiert wird, entsteht wiederum Abfall. Am meisten natürlich dann, wenn Dinge nur einmal verwendet werden und dann in der Tonne landen. Doch auch die Immer-wieder-Nutzung, die zu Marx' Zeiten noch die Regel war, während sie heute langsam zur Ausnahme wird, führt zu »Exkrementen«. Kleider werden fadenscheinig, verlieren Fäden, lösen sich auf, werden schließlich Lumpen: Wo produziert und konsumiert wird, da bleiben Reste. Staub. Karl Marx glaubte nun, dass mit der immer weiter fortschreitenden Entwicklung der industriellen Produktionsweise diese Exkremente schließlich zum integralen Bestandteil neuer Produktionen werden, sodass es am Ende überhaupt keine Abfälle mehr gibt.

Als Beispiel für dieses Ideal nennt er den sogenannten Teufelsstaub. Das ist ein Staub, der in der Textilproduktion anfällt und den man schließlich zu weniger hochwertigen Textilien wie zum Beispiel Matten verarbeitete oder auch als Düngemittel einsetzte. Die chemische Industrie preist Marx ebenfalls an, denn sie habe es gelernt, aus toxischem Abfall neue Produkte herzustellen und unters Volk zu bringen, wie zum Beispiel den bei der Verarbeitung von Kohle anfallenden Teer, den man einst entsorgen musste, aus dem nun aber, so lobt Marx, teure Farbstoffe hergestellt werden. Verlängert man diese Entwicklung in die Zukunft, dann entsteht die Vision der Kreislaufwirtschaft, einer Form des Wirtschaftens, die überhaupt keine Abfälle mehr kennt. Nichts geht verloren, alles wird genutzt.

Marx entwirft hier das materielle Pendant zu dem von ihm verfochtenen Gesellschaftsideal. So wie in der von ihm imaginierten kommunistischen Gesellschaft eine perfekte soziale Ordnung ohne Unterdrückung, ohne Ausbeutung, ohne Arbeitsqual realisiert ist, so verspricht er hier eine Welt ohne Staub, ohne Abwässer, ohne Abfälle, ohne Reste. Kein Atom geht verloren, alles wird immer wieder neu genutzt, in perfekten Kreisläufen, bis in alle Unendlichkeit.

Nun wurde der sogenannte Zweite Hauptsatz der Thermodynamik, der besagt, dass die Entropie, die Unordnung auf dieser Erde, einem Maximum zustrebt, dass also nicht nur zufällig, sondern notwendig etwas verloren geht, erst 1860 formuliert, und seine universelle Bedeutung sprach sich nur langsam herum. Vermutlich hat Karl Marx das Gesetz nicht gekannt. Erst um 1900 erschienen erste Schriften, die das Entropiegesetz so erklärten, dass es auch Laien verständlich werden konnte.

Der britische Physiker Charles Percy Snow hat die Hauptsätze der Thermodynamik so übersetzt: Man kann nicht gewinnen. Es gibt kein Unentschieden. Man kann nicht einmal aus dem Spiel aussteigen. Oder wie wir anfangs sagten: Der Pullover flust, aber die Fluse pullovert nicht.

Denn überall, wo aus ungeordneten Strukturen fein gegliederte Produkte hergestellt werden, also etwa aus Erzen, Sanden und Erdöl ein Smartphone, entstehen notwendigerweise, sosehr man sich auch um Sparsamkeit bemüht, Schlamm, Qualm. Staub. Und aus diesem fein verteilten Staub kann man dann nicht mehr viel machen, jedenfalls nicht mit vertretbarem Aufwand.

Früher sprach man in der Wirtschaftswissenschaft von den sogenannten Kuppelprodukten, denjenigen Dingen, die man notwendigerweise mitproduziert, indem man eine bestimmte Ware herstellt. Das universellste Kuppelprodukt ist der Staub. Indem zum Beispiel ein Elektrofahrzeug hergestellt wird, wird notwendigerweise ein Staubzwilling, ein entropisches Double, produziert, ein zweites »Produkt«, das aus nichts anderem als Abgas, Abwasser, Abraum und Abfall besteht und das fast immer der Masse nach ein Mehrfaches des Produktes selbst wiegt. Früher hat man diesen Zusammenhang auch gern mit dem Bild des ökologischen Rucksacks beschrieben. Der Volksmund kennt das Sprichwort: Wo gehobelt wird, da fallen Späne. Je mehr gehobelt wird, desto mehr Späne entstehen. Je komplizierter die Produkte, die wir nutzen, desto komplizierter und problematischer sind die Überbleibsel, die bei ihrer Fertigung entstanden.

Wenn das Gesetz der Entropie universell ist, so könnte man fragen, müsste die Natur ja inzwischen geradezu in ihrem eigenen Dreck, in ihrem eigenen Staub, erstickt sein. Hier vergisst man aber, dass in der Natur im Verlaufe vieler Jahrmillionen die Lebewesen so zusammengewachsen sind, dass die einen die Exkremente der anderen verwerten. In der Natur bleibt zwar ebenfalls immer etwas übrig, aber tatsächlich immer nur kleinste Mengen. Weil alles wiederverwertet wird, oft in Kreisläufen, die über Jahrmillionen eingespielt und optimiert wurden. Die Tiere essen Pflanzen, ihr Kot wiederum ermöglicht es den Pflanzen zu wachsen. Es gibt aber noch einen zweiten bemerkenswerten Unterschied. Tiere und Pflanzen verzehren immer nur so viel, wie ihr Organismus verdauen kann, und entsprechend sind auch ihre Exkremente überschaubar. Die Menschen aber haben neben ihrem körperlichen Stoffwechsel auch noch einen technischen, und zwar seit sie gelernt hatten, das Feuer zu verwenden. Nun kamen zu ihren Exkrementen und denen ihrer Nutztiere noch die Exkremente des Feuers hinzu. Und das Feuer verdaut unter Umständen sehr viel und macht entsprechend viel Dreck. Das war am Anfang nicht viel, etwas Asche, einige Scherben. Inzwischen werden die Exkremente des Feuers in Gigatonnen, also in Milliarden Tonnen, gemessen; und dabei handelt es sich zum einen um das Kohlendioxid der Atmosphäre, dessen Gehalt jährlich durch die ungezählten Feuer unserer modernen Welt steigt, und andererseits um den Feinstaub. Und schließlich um all die weiteren Schlacken und Abwässer und Abgase, welche fast immer mithilfe des Feuers produzierte Waren hinterlassen. Und dann um die Waren selbst, sobald sie fortgeworfen werden.

Im Gegensatz zu natürlichen Ökosystemen gibt es in unseren menschgemachten Systemen nur sehr bescheidene Möglichkeiten, den entstehenden Dreck irgendwie ökonomisch vertretbar wiederzuverwenden. Und er kann auch sehr oft von den Ökosystemen nicht mehr verwendet werden, weil wir viele Stoffe in die Welt setzen, mit denen Organismen nichts anfangen können oder die in den gewaltigen Mengen, die wir freisetzen, schädlich werden, selbst wenn sie an sich harmlos sind. So kommt es dann zum Beispiel, dass sich Plastik fein verteilt und inzwischen sogar am Nordpol angekommen ist. »Die Menschheit stößt das Tor zur toxic world auf«, sagt der Philosoph Oliver Schlaudt in seinem Essay *Müll-Philosophie. Des Teufels Staub und der Engel Anteil.*

Aber kann man denn das nicht alles ungeschehen machen und nunmehr beginnen, ökologische Produkte herzustellen? Der französische Schriftsteller Jean-Luc Coudray erinnert in seinem *Philosophischen Führer durch die Welt der Abfälle* daran, dass kein Produkt so ökologisch sein könne wie das, was überhaupt nicht entsteht. Das mag etwas übertrieben klingen, doch tatsächlich ist es oft das Ökologischste, zu versuchen, das zu verwenden und wiederzuverwenden, was schon einmal da ist. Wer Staub in der Welt vermeiden will, wird daher versuchen, öffentliche Verkehrsmittel zu nutzen, wird gebrauchte Dinge kaufen und die Dinge, die er nutzt, so bewusst und so schonend wie möglich verwenden.

Viele Unternehmen und auch viele Konsumentinnen und Konsumenten in Europa und weltweit bemühen sich um einen solchen ökologischen Lebensstil und schonen auf diese Weise Ressourcen und Ökosysteme, nützen ihrer Gesundheit und helfen zugleich, dass andere gesund bleiben. Andererseits soll die Wirtschaft weiter wachsen, sogar die UN fordert dies im Ziel acht ihrer sogenannten Sustainable Development Goals. Mehr Wirtschaftswachstum bedeutet aber mehr Waren, und mehr Waren bedeuten unvermeidlich mehr Abluft, mehr Abwasser, mehr Abfall, vor allem, wenn diese Waren noch irgendwie betrieben werden müssen, also Kraftstoff oder Elektrizität benötigen, um funktionieren zu können. Und so ist das Resultat: mehr Staub.

Da heutzutage sehr viele Produkte, die wir in Europa benutzen, nicht mehr in Europa, sondern in Asien hergestellt werden, bekommen wir dieses Grundgesetz nicht mehr so recht mit. Wer sich aber dorthin begibt, wo unsere Dinge hergestellt werden, in die Industriezentren Chinas und Südostasiens, stellt schnell fest, dass sich in der Nähe riesige Abraumhalden erstrecken, über die der Wind bläst, dass das Grundwasser keine besonders gute Qualität mehr hat und dass die Luft angefüllt ist mit Staub. Dort treiben sie also ihr Unwesen, die Exkremente unserer Produktion und Konsumption.

Zum Staub trägt auch die Globalisierung bei, die sich ungebremst entfaltet. Mit den weltweit transportierten Pflanzen, Tieren und Personen werden immer auch deren jeweilige *Personal Clouds* bewegt, ihre um sie herumschwebenden Wölkchen aus Partikeln, Tröpfchen, Sporen und Keimen. Je mehr und je rascher Pflanzen, Tiere und Menschen unkontrolliert um die Welt reisen, desto schneller verteilt sich auch der sie begleitende Biostaub, der, wie die Corona-Pandemie zeigt, ungeahnte und kaum beherrschbare Wirkungen entfalten kann.

Neben der Globalisierung sollte man selbstverständlich den Klimawandel nicht vergessen, der fortwährend auf die Staubwelt einwirkt. Auch im Jahre 2018 stammte, wie bereits erwähnt, immer noch der größte Teil, nämlich etwa 90 Prozent, der weltweit erzeugten Energie nicht aus erneuerbaren Energien, sondern aus Verbrennungsprozessen. Verbrannt wird Kohle, Erdgas, Erdöl oder Müll, und dabei entsteht neben Energie und Staub Kohlendioxid, ebenso wie beim Abbrennen von Wäldern zur Gewinnung von Weideland. Dieses Kohlendioxid heizt die Atmosphäre auf. Leider gibt es keinerlei Anzeichen dafür, dass der globale Trend, dass in immer kürzerer Zeit immer mehr Kohlendioxid in die Atmosphäre gelangt, irgendwie gebremst würde. Nur die globale Corona-Pandemie hat eine kleine Delle bewirkt, die aber jetzt schon wieder ausgebügelt ist. Vier Jahrzehnte intensiver globaler Klimapolitik haben zwar zu vielen Bekundungen und Beschlüssen geführt, in der Sache aber fast nichts erreicht.

Die Erderwärmung wird sich daher weiter entfalten. Die auffallendste Auswirkung wird die sein, dass die Meeresgegend um den Nordpol bald eisfrei sein wird, zunächst im Sommer, bald das ganze Jahr hindurch. Dann ist ein Zustand erreicht, den man auch vom All aus sofort erkennen kann. Das Antlitz unserer Erde verändert sich, unten ist der Pol weiterhin vereist, oben aber eisfrei und blau. In der Folge werden sich, wie man sich vorstellen kann, die Klimazonen großflächig verschieben. Das bedeutet für uns in Deutschland, dass es weiterhin wärmer wird, im Winter noch weniger Schnee fällt, und vielfach auch, dass es im Sommer trockener ist.

Zwar gibt es bislang in Mitteleuropa keine Anzeichen, dass die Gesamtmenge der Niederschläge abnimmt. Sie verteilen sich aber anders. Auf lange Dürren folgen dann vermehrt Starkregenereignisse. Das ist auch logisch, weil wärmere Luft deutlich mehr Wasserdampf aufnehmen kann. Schon ein einziges Grad Celsius mehr macht viel aus, ungefähr sieben Prozent. Daher dauert es länger, bis die Luft mit Wasserdampf gesättigt ist; wenn es dann aber losgeht, können wahre Sturzfluten vom Himmel kommen. Schon jetzt lässt sich diese Entwicklung beobachten. Damit aber sind recht staubfreundliche Rahmenbedingungen gesetzt. Wenn Dürren längere Zeit anhalten, können sie auch bei uns dazu führen, dass sich über den trockenen Ackerböden, wenn starke Winde hinzukommen, Staubwolken bilden. In manchen Teilen Deutschlands hat es nach sehr trockenen Sommern schon solche Staubstürme gegeben, und mit ihnen dürfte in Zukunft verstärkt zu rechnen sein. Auch Waldbrände werden zunehmen, schon jetzt kann man eine Verlängerung der Waldbrandsaison etwa in den USA beobachten. Brennende Wälder aber sind nicht nur eine Katastrophe für die Forstwirtschaft und meist auch für den Naturschutz, sie sind auch eine üble Staubquelle, denn sie sorgen für zähen Qualm, der lange in der Luft bleibt und direkt oder indirekt die Gesundheit schädigt.

So weit also die Gesamtlage. Schauen wir auf die Städte, zeigt sich ein anderes Bild. Hier geht alles Bemühen dahin, Staubquellen zu entfernen, und das ist aus gesundheitlichen Gründen sinnvoll. Mit der allgemeinen Etablierung der Elektromobilität, dem Verschwinden oder Zurückdrängen von Verbrennungsmotoren, wird in den großen Städten eine wichtige Quelle für Feinstaub reduziert, da bei Autos, neben dem Reifenabrieb, vor allem der Qualm aus dem Motor die Luft verpestet. Andererseits heizen immer mehr Menschen im Winter mit Biomasse, mit Holz, und dabei entsteht dann doch wieder recht viel Staub, viel mehr jedenfalls als bei der Nutzung von Erdgas. Die Reduktion der Staublast in den Städten bleibt also ein zähes Ringen, bei dem ich aber in den nächsten Jahren und Jahrzehnten insgesamt weitere Fortschritte erwarte.

Vom Planeten über die Stadt gelangen wir am Schluss zum Staub in unserer Wohnung. Man kann ihn durch Putzen und Staubsaugen minimieren, aber es ist nicht damit zu rechnen, dass eines Tages ein Gerät erfunden wird, das allen Staub auf ein Händeklatschen hin einsammelt und entsorgt. Vielmehr geht auch hier der Krieg gegen den Staub immer weiter, der bislang nur ein immer größeres und immer raffinierteres Waffenarsenal, aber keine Entscheidung gebracht hat. Nicht einmal die Reinräume in den Forschungslaboren, in denen die Luft ständig filtriert wird, in die Menschen nur in besonderen Schutzanzügen hineindürfen, die nicht sie selbst schützen, sondern den Raum vor ihrem Staub, nicht einmal dort ist die Luft ganz staubfrei. Staub ist und bleibt eine Art notwendiger Abfall unseres Lebens, und es ist nicht damit zu rechnen, dass er je ganz verschwinden wird.

Er ändert jedoch seine Gestalt, weil sich auch unser Leben ändert. Mehr und mehr nutzen wir synthetische Textilien, Textilien also, die im Grunde aus Plastik hergestellt werden, dessen Reste sich dann auch im Staub wiederfinden. Schon heute lässt sich Mikroplastik in Staubproben weltweit gut nachweisen, bisweilen in überraschend großen Konzentrationen.

Und so ist der Staub eine Konstante im menschlichen Leben. Es ist anzunehmen, dass bereits die Höhlenmenschen ihn beobachtet haben, wenn ein klarer Sonnenstrahl in ihre dunklen, verqualmten Behausungen fiel. Schon sie werden von dem merkwürdigen, ganz geräuschlosen Ballett der feinen Partikel hypnotisiert worden sein. Und auch wenn die Menschheit eines Tages die malträtierte Erde verlassen sollte, um zu versuchen, auf einem entfernten Planeten ein neues Zuhause zu gründen, wird der Staub sie begleiten. Schon allein deshalb macht es Sinn, ihn nicht nur als bösen Feind zu betrachten, sondern, soweit möglich, zum Freund zu machen. Zu einem Freund, der mit uns verbunden bleibt, der in der Natur unentbehrlich ist, mit dem sich die schönsten Kunstwerke gestalten lassen und über den man, obwohl oder gerade weil er so winzig ist, *endlos* erzählen kann.

Literatur

Die folgende kommentierte Liste von Büchern und Artikeln ist nicht vollständig. Sie nennt zunächst und vor allem gut zugängliche Arbeiten, die einen Überblick bieten. In den sich anschließenden Literaturhinweisen zu den einzelnen Kapiteln finden sich Verweise auf speziellere Arbeiten.

ALLGEMEIN

Ian Colbeck, Mihalis Lazaridis: Aerosol Science. Technology and Applications. Wiley VCH 2014. Dieses umfassende Werk bietet Übersichtsartikel zu vielen in diesem Buch diskutierten Themen.

Lothar Gail, Hans-Peter Hortig (Hrsg.): Reinraumtechnik. 2., überarbeitete und erweiterte Ausgabe, Berlin, Heidelberg, New York: Springer Verlag. Vom Gegenteil her, dem möglichst staubfreien Raum, werden hier die Eigenschaften von Staub deutlich gemacht.

Konstantin Siegmann: Mensch und Feuer. Von der Altsteinzeit zum ›Global Change‹, in: Vierteljahrsschrift der Naturforschenden Gesellschaft in Zürich, 2002, 147/2, S. 63–

71. Erhältlich online unter https://www.ngzh.ch/archiv/2002_147/147_2/147_15.pdf (19.6.2022). Der ausgezeichnete Text ist auch eine kleine Geschichte der gesundheitsbezogenen Staubforschung, sehr gut verständlich geschrieben.

Oliver Schlaudt: Des Teufels Staub und der Engel Anteil. Dieser wirklich brillante und sehr unterhaltsame Essay stellt wichtige Fragen und Ansätze einer Philosophie des Mülls dar. Er ist online verfügbar unter https://www.merkur-zeitschrift.de/2021/10/25/muell-philosophie-des-teufels-staub-und-der-engel-anteil/. (19.6.2022) Siehe auch Oliver Schlaudt: Wirtschaft im Kontext. Frankfurt am Main: Klostermann 2016.

Jens Soentgen, Knut Völzke (Hrsg.): Staub – Spiegel der Umwelt. München 2006. Dieses Buch, das begleitend zu unserer Ausstellung *Staub – Spiegel der Umwelt* erschien, ist, soweit ich sehen kann, immer noch die vielseitigste Sammlung fachlich solider und doch lesbarer Beiträge zum Staub. Es ist zwar schon lange vergriffen, aber weiter als E-Book erhältlich und zudem kostenlos online verfügbar auf der Webseite der Universitätsbibliothek Augsburg unter https://opus.bibliothek.uni-augsburg.de/opus4/frontdoor/index/index/docId/294 (08.07.2022).

Jens Soentgen: Pakt mit dem Feuer. Philosophie eines weltverändernden Bundes. Berlin: Matthes und Seitz 2021. Dieses Buch widmet sich der Philosophie des Feuers, die mit dem Staub zusammenhängt, weil menschgemachte Feuer global die wohl wichtigste Staubquelle darstellen.

Jens Soentgen: Von den Sternen bis zum Tau. Eine Entdeckungsreise durch die Natur. Wuppertal: Peter Hammer Verlag. In diesem Buch wird mehrfach auf den Staub eingegangen, insbesondere finden sich darin viele Staubexperimente, etwa S. 297–313, S. 337–357 (über Bakterien) und öfter.

Othmar Preining, E. James Davis (Ed.): History of Aerosol Science. Proceedings of the Symposium on the History of Aerosol Science. Verlag der Österreichischen Akademie der Wissenschaften. Wien 2000. Dieses Werk ist bislang, soweit mir bekannt, die einzige umfassende Darstellung der (neueren) Geschichte der Aerosolforschung.

Bernardino Ramazzini: Die Krankheiten der Handwerker. Aus dem Lateinischen übersetzt von Paul Goldmann. Würzburg: Königshausen und Neumann 1998 (Modena 1700). Dieser Klassiker der Arbeitsmedizin behandelt zahlreiche Professionen, die oft in der einen oder anderen Weise mit Staub zu kämpfen hatten.

Markus Vollmer: Lichtspiele in der Luft. Atmosphärische Optik für Einsteiger. Heidelberg: Spektrum. Akademischer Verlag 2005. Bei Springer erschien inzwischen eine von mir aber nicht eingesehene zweite Auflage. Das Buch bietet eine gut verständliche Übersicht über optische Phänomene in der Atmosphäre, die immer wieder, sogar meistens, auch auf den Staub in der Luft eingeht.

MIT VERLAUB – STAUB

Empfehlenswert und interessant ist das Digitale Familiennamenwörterbuch Deutschlands, in dem man die genannten Namen – und viele andere – nachschlagen kann. Es ist noch *work in progress*, aber kritischer und genauer als die bislang publizierten Familiennamenlexika: https://www.namenforschung.net/dfd/woerterbuch/liste/?tx_dfd_search%5Baction%5D=searchre sult&tx_dfd_search%5Bcontroller%5D=Names&cHash=ffd4b4c41089c47a620ed0869fa94ad0 (08.07.2022).

Josef Karlmann Brechenmacher: Springinsfeld. Schnapphahn in deutschen Sippennamen, C. A. Starke, Görlitz 1937, hier S. 9–11 über Stövesand bzw. Steubesand. Brechenmacher verfasste auch ein Lexikon der deutschen Familiennamen.

1 DAS NICHTS UND DAS FAST-NICHTS: WAS IST STAUB?

Deutsche Gesellschaft für Aerosolforschung: Positionspapier der Deutschen Gesellschaft für Aerosolforschung zum Verständnis der Rolle von Aerosolpartikeln beim SARS-CoV2-Infektionsgeschehen, online unter https://www.info.gaef.de/position-paper (08.07.2022). Was das allgemeine Verhalten von Staubpartikeln angeht, zudem auch die geltenden Definitionen von Staub und Aerosol, so findet man in dieser Broschüre eine sehr gute Darstellung.

Jens Soentgen, Ulrich Gassner, Julia von Hayek, Alexandra Manzei (Hrsg.): Umwelt und Gesundheit. GiP Band 2, Baden-Baden: Nomos Verlag 2020. Hier findet man aktuelle Forschungsbeiträge über den Zusammenhang von Luftqualität und Gesundheit; siehe besonders die Beiträge von Ulrich Gassner (rechtliche Regulierung), Christoph Beck et al. (zu Wetter, Luftverschmutzung und Schlaganfällen), Annette

Straub et al. (zu *thunderstorm asthma*) und Claudia Traidl-Hoffmann und Clemens Heuson (Saubere Luft als Menschenrecht?).

2 WOLLMAUS ODER FEINSTAUB: WER IST GEFÄHRLICHER?

Nicholas J. Conard und Ewa Dutkiewicz, Universität Tübingen; Gustav Riek: Die Mammutjäger vom Lonetal. Wissenschaftliche Beiträge und aktuelle Hintergründe. Bad Schussenried: Gerhard Hess Verlag o. J. (2013?). Der Band enthält nicht nur einen Wiederabdruck eines alten Textes, sondern auch aktuelle Darstellungen zur Lebensweise der Menschen, die einst im Lohnetal lebten.

Josef Cyrys et al.: Low emission zones reduce PM10 mass concentrations and diesel soot in German cities. In: Journal of the Air & Waste Management Association 64 (4), 2014, S. 481–487, online unter: https://www.tandfonline.com/doi/full/10.1080/10962247.2013.868380 (08.07.2022). Eine neuere Arbeit über die Auswirkungen von Umweltzonen.

Jan-Peter Frahm: Moose. Eine Einführung. Jena: Weissdorn Verlag 2006. Dieses Buch ist ein Klassiker. Der Autor, der Moorforscher Jan-Peter Frahm, verstarb leider völlig unerwartet im Jahr 2014. Ich erinnere mich gut an Frahms ansteckende Begeisterung für die unglaublichen Fähigkeiten und insbesondere die Staubbindefähigkeit der Moose.

Albert Kratzer OSB: Das Stadtklima. Braunschweig: Vieweg 1937. Diese Arbeit begründete die Stadtklimatologie, sie ist immer noch lesenswert, auch als historischer Beleg für die Luftqualität in Mitteleuropa zu Beginn des 20. Jahrhunderts.

Yevgen Nazarenko et al.: Role of snow and cold environment in the fate and effects of nanoparticles and select organic pollutants from gasoline engine exhaust. In: Environmental Science. Processes and Impacts, 2016, 18, S. 190–199. Eine Forschungsarbeit über Schnee in der Stadt. Verfügbar unter https://pubs.rsc.org/en/content/articlelanding/2016/em/c5em00616c (19.6.2022).

Raymond Queneau: Die Kinder des alten Limon. Roman. Deutsch von Eugen Helmlé. Frankfurt am Main: Zweitausendeins 1988 (französische Erstausgabe Paris, 1938). In diesem Buch findet sich auf S. 237–240 eine in der Literaturgeschichte wohl einmalige Darstellung des Kehrens (=Kapitel CXII).

Hanna Rose Shell: Shoddy. From Devil's Dust to the Renaissance of Rags. The University of Chicago Press, Chicago 2020. Dieses schöne Buch erzählt die Geschichte der Faserreste, die Shoddy genannt werden.

Soentgen, Jens (2016): Geschichte einer Wollmaus. In: Vanessa von Gliszczynski, Mona B. Suhrbier, Eva Ch. Raabe (Hrsg.): Der rote Faden: Gedanken spinnen – Muster bilden. Bielefeld: Kerber (Kerber Culture), S. 24–37, auch online unter https://www.uni-augsburg.de/de/forschung/einrichtungen/institute/wzu/team/soentgen/publikationen-jens-soentgen/#opus-year-2016 (08.07.2022). Hier findet man einige wichtige Quellen meiner Ausführungen zur Geschichte der Wollmaus.

Junjie Zhang et al.: Microplastics in house dust from 12 countries and associated human exposure. In: Environment International 134, 2020, online unter https://www.sciencedirect.

com/science/article/pii/S016041201931952X (19.6.2022). Eine allgemeine Abschätzung der Mikroplastik-Exposition.

3 FARBENPRACHT UND DÜSTERNIS: STAUB UND STAUBEREIGNISSE IN DER NATUR

Paul J. Crutzen, Jürgen Han (Hrsg.): Schwarzer Himmel. Auswirkungen eines Atomkrieges auf Klima und globale Umwelt. Frankfurt am Main: S. Fischer 1985.

Martin Ebert: Dicke Luft – Staub in unserer Atmosphäre. In: Jens Soentgen, Knut Völzke (Hrsg.): Staub – Spiegel der Umwelt. München 2006, online verfügbar auf der Webseite der Universitätsbibliothek Augsburg unter https://opus.bibliothek.uni-augsburg.de/opus4/frontdoor/index/index/docId/294 (08.07.2022). Eine Übersicht über die verschiedenen Staubquellen, deren Schätzungen ich im Text anhand neuerer Veröffentlichungen hier und da etwas verändert habe. Dabei habe ich vor allem die Veröffentlichung Andreae, M. O., & Rosenfeld, D. (2008): Aerosol-cloud-precipitation interactions. Part 1. The nature and sources of cloud-active aerosols. Earth-Science Reviews, 89, 13–41 zurate gezogen.

Harald Flentje et al.: Identification and Monitoring of Saharan dust: An inventory representative for south Germany since 1997. In: Atmospheric Environment 109, 2015, S. 87–96.

Dieter Heß: Die Blüte. Stuttgart 1983. Ein sehr schönes Werk über den Blütenstaub.

Friedrich Merke: Geschichte und Ikonographie des endemischen Kropfes und Kretinismus. Verlag Hans Huber, Stuttgart, Wien 1971. Ein sehr vielseitiges und gründliches medizinhistorisches Werk über die Jodmangel-Erkrankungen Kropf und Kretinismus.

David Montgomery: Dreck. Warum unsere Zivilisation den Boden unter den Füßen verliert. München: oekom Verlag 2010. Ein rundum sehr lesenswertes Buch, besonders aufschlussreich die Kapitel über die *dust bowl* (S. 193–232).

Christian Pfister: Wetternachhersage. 500 Jahre Naturkatastrophen und Klimavariationen. Bern: Haupt Verlag 1999. Hier findet man Informationen über das Jahr ohne Sommer.

Ole Selinus et al. (Hrsg.): Essentials of Medical Geology. Revised Edition. Dordrecht: Springer 2013. Die verschiedenen Beiträge des Bandes behandeln überwiegend diverse (geologische) Staubquellen und deren gesundheitliche Relevanz.

Oswald Thomas: Himmel und Welt. Arbeitsgemeinschaft für Kultur und Aufbau, München 1929. Darin zum kosmischen Staub das Kapitel über Kometen und Sternschnuppen (S. 153–189). Zu neueren Arbeiten auf diesem Gebiet siehe die Arbeit von Thomas Stephan: Kosmischer Staub und die Methoden seiner Erforschung, S. 72–82 in: Jens Soentgen, Knut Völzke (Hrsg.): Staub – Spiegel der Umwelt. München 2006, online verfügbar auf der Webseite der Universitätsbibliothek Augsburg unter https://opus.bibliothek.uni-augsburg.de/opus4/frontdoor/index/index/docId/294 (08.07.2022).

4 MENSCH UND STAUB: EINE HASSLIEBE

Heinrich Barth: Philosophie der Erscheinung. Eine Problemgeschichte. Basel, Stuttgart: Benno Schwabe Verlag 1959. Im 5. Stück dieser Untersuchung geht Barth auf Leibniz' Philosophie ein, auf S. 354–360 behandelt er die Vorstellungen des Philosophen von Dingen als Herde.

Claudia Cattaneo (Hrsg.): Farbpigmente, Farbstoffe, Farbgeschichten, Winterthur 2011. Darin sind sowohl Ocker als auch z. B. Bleiweiß vorgestellt. Dies ist das wichtigste und schönste Buch über Pigmente. Die Pigmente der *Sixtinischen Madonna* diskutiert Karl Heinz Weber: Die Sixtinische Madonna. Bemerkungen zu Erhaltungszustand, maltechnischem Aufbau, konservatorischen Maßnahmen. In: Maltechnik. Restauro. 90, Nummer 4, 1984, S. 9–28. Interessant ist, dass sich im Laufe der Zeit auch auf der Madonna Staub niederließ, nämlich Kohlenasche, wodurch das Bild deutlich verdunkelte; auch nach Restaurierungen dunkelte die Madonna immer wieder nach (durch ein Heizkraftwerk in der Nähe, wie der Restaurator sagt), bis schließlich eine Verglasung erfolgte.

Ronald Girtler: Aschenlauge. Bergbauernleben im Wandel, Linz 1988. Dass Ofenruß auf dem Lande einst zum Zähneputzen verwandt wurde, entnehme ich diesem sehr schönen Werk. Über das Bergmehl, *farina fossilis* (entweder Kreide oder Kieselerde), findet man einiges bei Krünitz, ökonomische Enzyklopädie, online unter Mehl, Bergmehl.

Edmond Locard: Die Kriminaluntersuchung und ihre wissenschaftlichen Methoden, Berlin: Kameradschafts-Verlag 1930. Eine Übersetzung des Klassikers der Kriminaltechnik mit vielen Beispielen.

Johann Krünitz: Oeconomisches Lexikon. Es findet sich online unter http://www.kruenitz1.uni-trier.de/ (08.07.2022).

David R. Montgomery: Dreck. Warum unsere Zivilisation den Boden unter den Füßen verliert. Oekom Verlag 2010. Nochmals erwähne ich diesen Band, der über den Lössboden und über die Bedeutung des Bodens ganz allgemein hervorragend informiert, besonders S. 293–231. Weiterführend siehe auch den Band von Vince Beiser: Sand. Wie uns eine wertvolle Ressource durch die Finger rinnt. Oekom, München 2021.

Jens Soentgen: Die Nebelspur. Wuppertal: Peter Hammer Verlag 2019. Hier wird ein weiterer Weg, wie Aerosole in der Wissenschaft genutzt werden, vorgestellt, nämlich die Nebelkammer. Auch die schottische Aerosolforschung wird umfassend gewürdigt. Wie man eine Nebelkammer selbst baut, sieht man unter https://www.youtube.com/watch?v=uA0KB2-64Ig (19.6.2022).

Auch ein Experiment über den Staubeinsatz in der Kriminalistik findet sich auf youtube: https://www.youtube.com/watch?v=Gl2bKZ1bcBY (19.6.2022).

5 GOETHE UND DER STAUB

Johann Wolfgang von Goethe wird zitiert nach der siebzehnbändigen Ausgabe seiner Sämtlichen Werke, die im Insel-Verlag erschien (= Großherzog Wilhelm Ernst Ausgabe).

Gundel Mattenklott: Staubreich. Der lautlose Bote. Dieser Essay aus dem Sammelband Ästhetik des Unscheinbaren, hrsg. von Constanze Rora und Stefan Roszak, S. 21–30, geht pointiert auch auf Goethes Staubdenken ein.

Albrecht Schöne: Goethes Farbentheologie. München: C.H. Beck 1987. Eine sehr gute Übersicht und Deutung.

Jens Soentgen: Das Lob des Unscheinbaren. Topoi und antike Tradition, in: Ästhetik des Unscheinbaren, hrsg. von Constanze Rora und Stefan Roszak, S.43–62; dieser Essay behandelt die Rhetorik des Unscheinbaren am Beispiel des Staubes, auch online unter https://www.uni-augsburg.de/de/forschung/einrichtungen/institute/wzu/team/soentgen/publikationen-jens-soentgen/#opus-year-2013 (08.07.2022).

Rudolf Steiner: Goethes Weltanschauung. Zuerst Weimar 1897, zitiert nach der Ausgabe im Rudolf Steiner Verlag, Dornach/Schweiz 1999. Vor seiner theosophischen bzw. anthroposophischen Wende war Steiner Goethe-Forscher und gab dessen naturwissenschaftliche Schriften heraus. Seine Darstellung ist immer noch hilfreich.

EPILOG: DIE ZUKUNFT DES STAUBES

Jean-Luc Coudray: Guide philosophique des déchets. Paris: Editions I 2018. Hier führt Coudray auf S. 95 den Begriff des entropischen Doubles ein.

Oliver Schlaudt: Des Teufels Staub und der Engel Anteil. Nochmals möchte ich auf diesen wichtigen Essay hinweisen. Er ist online verfügbar unter https://www.merkur-zeitschrift.de/2021/10/25/muell-philosophie-des-teufels-staub-und-der-engel-anteil/ (19.06.2022).

Jens Soentgen: Pakt mit dem Feuer: Philosophie eines weltverändernden Bundes, Matthes und Seitz, Berlin 2021. Dort finden sich zahlreiche weitere Quellen über die Geschichte menschlicher Feuernutzung. Über Szenarien der Zukunft habe ich viel aus unveröffentlichten Vorträgen und Gesprächen mit Kolleginnen und Kollegen erfahren.

Peter D. Ward und Christoph Hirsch: Die große Flut. Was auf uns zukommt, wenn das Eis schmilzt, Oekom Verlag, München 2022. Hier werden u. a. Dürren diskutiert, vgl. S. 117–142.

Dank

Die Staubfluse war einst Teil meiner philosophischen Dissertation, sie diente dort als Beispiel für ein nomadisches Objekt, das sich ganz anders verhält als die üblichen ruhigen Dinge um uns herum. Dass gerade dieses reichlich skurrile Thema allgemeineres Interesse beanspruchen könnte, wäre mir nie in den Sinn gekommen, aber der Chef des damaligen HR-Abendstudios, Peter Kemper, hatte das richtige Gefühl und bot mir an, eine Hörfunksendung zu gestalten. Damit begann ein Weg, der letztlich zu diesem Buch führte. Danke, Peter!

An der Universität Augsburg, an der ich seit 2002 am »Wissenschaftszentrum Umwelt« die disziplinübergreifende Forschung zu Umweltthemen zu fördern versuche, wurde ich schon 2003 in die medizinische und naturwissenschaftliche Staubforschung verwickelt. Annette Peters vom »Helmholtz Zentrum Umwelt« und Josef Cyrys bezogen mich in ihre Projekte rund um das Thema »Umwelt und Gesundheit« ein, und diese Zusammenarbeit hält bis heute an, sie half auch entscheidend beim positiven Votum des Wissenschaftsrats im Jahre 2016 für eine Medizinische Fakultät an der Universität Augsburg mit einem Forschungsschwerpunkt »Umwelt und Gesundheit/Environmental Health Sciences«; Annette vermittelte uns zudem einen wichtigen Besuch in Harvard bei Douglas Dockery, einem der bedeutendsten Forscher im Reich des Staubes. Ich danke den beiden und auch der Dekanin der Fakultät, Martina Kadmon, die unseren einzigartigen und wichtigen Forschungsschwerpunkt seither sehr erfolgreich und tatkräftig entwickelt.

Zudem danke ich den vielen Kolleginnen und Kollegen, die in den WZU-Arbeitsgruppen »Augsburger Aerosolforschung«, »Klima, Aerosole und Gesundheit« sowie »Neuro-EHS« mitarbeiteten bzw. mitarbeiten:

Elke Hertig, Stefan Emeis, Mike Pitz, Klaus Schäfer, Alexandra Schneider, Michael Ertl, Andreas Philipp, Thomas Gratza, Jucundus Jacobeit, Markus Naumann, Christoph Knote, Christoph Beck, Stefanie Gilles, Regina Pickford, Susanne Breitner, Claudia Weitnauer, Reiner Schwandt, Claudia Traidl-Hoffmann, Richard Weihrich und vielen weiteren. Von euch allen habe ich sehr viel gelernt! Auch vielen weiteren Wissenschaftlerinnen und Wissenschaftlern, nicht zuletzt auch etlichen Künstlerinnen und Künstlern und Alltags-Staubforschern danke ich für viele spannende Aufschlüsse, etwa dem Kunstteam »Mop-Art« und Andrea Sauer, die ebenfalls mit Hausstaub künstlerisch experimentiert. Auch dem Augsburger Künstler Maximilian Prüfer, der mir von seiner China-Reise erzählte, bin ich verbunden. Mit dem großartigen Frankfurter Designer Knut Völzke realisierte ich vor einiger Zeit die Ausstellung »Staub – Spiegel der Umwelt«, die in Museen in Deutschland, der Schweiz und China gezeigt wurde und zu der auch ein gleichnamiger Begleitband in unserer bei oekom verlegten Buchreihe »Stoffgeschichten« erschien; Knut hat für die Ausstellung und das Buch unter anderem eine fantastische Sammlung von Staubproben buchstäblich aus aller Welt zusammengetragen. Auch der zwei Meter hohe Staubwirbler, der große Staubringe erzeugte, die majestätisch nach oben schwebten, begeisterte mich. Die Ausstellung ist vor einigen Jahren in alle Winde zerstoben; und da glaubte ich, den Staub ein für alle Mal los zu sein, doch ich hatte mich getäuscht …

Und das liegt in erster Linie an Laura Weber von dtv, die dieses Buch nicht nur initiiert, sondern es auch in der gesamten Entstehung begleitet hat; der Text verdankt ihr viele Anregungen, die ihn besser gemacht haben!

Matthias Settele hat mich bei der Literaturbeschaffung unermüdlich und immer gut gelaunt unterstützt, das war mir eine sehr große Hilfe, die vieles leichter gemacht hat.

Last but not least danke ich meiner Familie, meinen Kindern Henrik, Merle und Stella, die meine Freude sind, und meiner geliebten Frau Anna, denn ohne euch hätte ich weder die Lust noch die Kraft gehabt, dieses Projekt in Angriff zu nehmen!